Teubner Studienskripten Elektrotechnik

Fortsetzung auf der 3. Umschlagseite

Zu diesem Buch

Dieses Skriptum ist hervorgegangen aus einer Wahlpflichtvorlesung für
Elektrotechniker, die der Verfasser an der Universität der Bundeswehr
Hamburg für Studenten des dritten Studienjahres hält.
Vorausgesetzt werden elementare Kenntnisse in Mathematik, Physik,
Hochfrequenztechnik sowie in Farbfernsehtechnik in dem Umfang, in dem
sie im Skriptum "Farbfernsehtechnik" dieser Reihe vermittelt werden.
Die Darstellung ist so gewählt, daß das Buch vorlesungsbegleitend,
aber auch zum Selbststudium verwendet werden kann. Dabei wurde versucht, den etwas mehr theoretisch orientierten Interessenten nicht
zu langweilen und den in der Praxis stehenden Ingenieur oder Techniker nicht zu überfordern, so daß ein breiter Leserkreis angesprochen
wird. Der Stoffumfang erstreckt sich von den wichtigsten magnetischen
Grundbegriffen über das allgemeine Prinzip der Signalspeicherung auf
Magnetband, die Eigenschaften von Magnetbändern, die Gegenüberstellung
von Audio- und Videoaufzeichnung bis hin zu den verschiedenen Aufzeichnungsgeometrien bei MAZ und Videorecordern. Dabei werden, soweit
möglich, auch technische Detailprobleme, wie Band- und Kopfantrieb,
Zeitfehlerkorrektur (TBC) und Zusatzeinrichtungen (Schnitt, Zeitlupe,
Zeitraffer) behandelt. Ein systematischer Überblick über die Parameter
der zahlreichen Aufzeichnungsstandards und ein Ausblick auf digitale
Videoaufzeichnungsverfahren ergänzen das Werk.

Technik der magnetischen Videosignalaufzeichnung

Von Prof. Dr.-Ing. B. Morgenstern
Universität der Bundeswehr Hamburg

Mit 131 Bildern und 18 Tabellen

Springer Fachmedien Wiesbaden GmbH 1985

Prof. Dr.-Ing. Bodo Morgenstern

1934 in Weimar/Thür. geboren. 1954 bis 1957 Lehre als
Rundfunk- und Fernsehtechniker; 1957 bis 1962 Studium
der Hochfrequenztechnik an der T.H. Hannover, 1962 bis
1973 Wissenschaftlicher Assistent bzw. Akademischer
Rat/Oberrat am Institut für Hochfrequenztechnik an der
T.U. Hannover. 1971 Promotion. Seit 1973 Professor für
Elektronik und Nachrichtenverarbeitung an der Hoch-
schule der Bundeswehr Hamburg.

CIP-Kurztitelaufnahme der Deutschen Bibliothek

Morgenstern, Bodo:
Technik der magnetischen Videosignalaufzeichnung /
von B. Morgenstern. - Stuttgart : Teubner, 1985

  (Teubner-Studienskripten ; 108 : Elektrotechnik)
  ISBN 978-3-519-00108-9   ISBN 978-3-322-96633-9 (eBook)
  DOI 10.1007/978-3-322-96633-9

NE: GT

Umschlaggestaltung: M. Koch, Reutlingen

Vorwort

Das Skriptum "Technik der magnetischen Fernsehaufzeichnung" enthält den
Stoff einer einführenden Wahlpflichtvorlesung, die an der Universität der
Bundeswehr Hamburg für Studenten der Elektrotechnik nach dem Vorexamen
gehalten wird. Vorausgesetzt werden elementare Kenntnisse in Mathematik,
Physik, Hochfrequenztechnik und Elektronik sowie die Grundlagen der Farb-
fernseh-Übertragungssysteme entsprechend dem Skriptum No 77 "Farbfernsehtechnik" aus dieser Reihe. Der Stoff ist so dargestellt, daß das Buch
vorlesungsbegleitend, aber auch zum Selbststudium verwendet werden kann.
Der für die Einführung benötigte mathematische Aufwand ließ sich relativ
niedrig halten, so daß mit dem Buch auch in der Praxis tätige Ingenieure
und Techniker angesprochen werden.

Bei der Fülle des behandelten Stoffes ist die vereinfachende Beschrän-
kung auf wesentliche Fakten unumgänglich; andererseits wird aber versucht,
einen möglichst umfassenden Überblick über die theoretischen Grundlagen
und die derzeit gebräuchlichen Technologien zu geben. Während die Grundlagen einem weniger raschen Wandel unterzogen sind, ist im gerätetechni-
schen Bereich eine hohe Innovationsrate zu beobachten, die es nur bedingt
erlaubt, in der Darstellung überall aktuell zu sein. Manche Daten, die zu
den einzelnen Systemvarianten zusammengestellt sind, mögen deshalb und
wegen der Tatsache, daß sie zum Teil auf unverbindlichen Firmenangaben be-
ruhen, Ungenauigkeiten enthalten.

Das Buch enthält 11 Kapitel. Zunächst werden einmal die magnetischen
Grundbegriffe und Definitionen, soweit sie in diesem Zusammenhang wichtig
sind, behandelt. Im zweiten Kapitel wird das physikalische Prinzip der
Signalspeicherung auf Magnetband allgemein diskutiert, indem die wesentlichen Komponenten (Kopf, Band) und die typischen Prozesse (Lösch-, Auf-
zeichnungs- und Wiedergabevorgang) beschrieben werden.

Der analogen Schallsignalaufzeichnung und Schallsignalwiedergabe sind
die beiden folgenden Kapitel gewidmet. Sie sind relativ kurz gehalten.
Der Schwerpunkt der Darstellung liegt im Kapitel 5, das sich mit der Fernsehsignalaufzeichnung befaßt. Es wird eingeleitet mit einem Vergleich zwischen Audio- und Videoaufzeichnungsanforderungen. Danach werden die typischen Aufzeichnungsgeometrien erörtert. Da die FM-Aufzeichnung bis heute
das allgemein gängige Prinzip darstellt, wird es als wesentliche Grundla-
ge ausführlicher behandelt. Die Systemvarianten im professionellen und

- 6 -

Amateurbereich werden miteinander verglichen. Hierzu gehört auch die Betrachtung der Signalverarbeitung bei Aufnahme und Wiedergabe einschließlich der Zeitfehlerkorrektur (TBC).

Thema des 6. Kapitels sind die Grundlagen des Band- und Kopfradantriebs mit den wichtigsten Servoeinrichtungen. Es folgt die Darstellung der Standbild-, Zeitlupen- und Zeitraffermöglichkeiten. Im Kapitel 8 wird der SMPTE-Zeitcode behandelt, der eine wesentliche Voraussetzung für automatisierte elektronische Schnittechnik - Thema des nächsten Kapitels - ist.

Das zehnte Kapitel stellt den Versuch dar, die Vielfalt der existierenden Systeme und Normen in eine übersichtliche Form zu bringen und die wesentlichen geometrischen und signaltechnischen Parameter zu erfassen. Im letzten Kapitel wird schließlich noch ein kurzer Überblick über den Stand der digitalen Fernsehaufzeichnungstechnik gegeben.

Abschließend ist es mir ein Bedürfnis, all' denen, die zur Fertigstellung dieses Skriptums beigetragen haben, herzlich zu danken. Die mühevolle Erstellung der Reinschrift lag in den bewährten Händen von Frau Kellner und Frau Knezevic. Die Firmen Bosch, Grundig, RCA, Sony und Telefunken versorgten mich bereitwillig mit Informationsmaterial, und dem B.G. Teubner-Verlag gebührt Dank für die gute Zusammenarbeit.

Hamburg, in Juni 1985

Bodo Morgenstern

Inhaltsverzeichnis   Seite

1. Magnetische Grundbegriffe, Definitionen und Einheiten

Für die magnetische Speicherung von Signalen und Informationen wird durchweg das Phänomen der *magnetischen Hysterese* ausgenutzt, das insbesondere bei ferromagnetischen Materialien zu finden ist. Die Hysterese wird allgemein mittels der *Hystereseschleife* beschrieben, die wir im Abschnitt 1.3 kennenlernen werden und die den funktionalen Zusammenhang zwischen *magnetischer Feldstärke* H und der *magnetischen Induktion* oder *Flußdichte* B beschreibt. B und H sind im allgemeinen Falle *Vektoren*, wir werden uns aber auf *skalare* (ungerichtete) Größen beschränken. In diesem Sinne gelten auch die vereinfachten Definitionen der nächsten Abschnitte.

1.1. Die magnetische Feldstärke H

Die *magnetische Feldstärke* H ist unmittelbar verknüpft mit dem elektrischen Strom I, weil jeder fließende Strom ein Magnetfeld zur Folge hat. Die magnetischen Feldlinien sind stets in sich geschlossen. Sie haben das Bestreben, sich zu verkürzen. Anschaulich gesprochen, wohnt ihnen eine *magnetische Spannung* V inne. Bezieht man V auf die *Feldlinienlänge* l, so erhält man die magnetische Feldstärke H. Ein einfaches Gedankenexperiment soll uns die Definition und die Maßeinheit von H verdeutlichen:

Eine dünne Kreiszylinderspule, deren Länge l groß gegen den Durchmesser d sei, bestehe aus einer gleichmäßigen Lage von w Windungen Draht. I sei der in den Windungen fließende Strom. Im Zylindervolumen entstehen dann parallel zur Spulenachse näherungsweise homogen über den Spulenquerschnitt verteilte Magnetfeldlinien, die sich außerhalb der Spule im freien Raum schließen.
Im Spuleninneren herrscht dabei *definitionsgemäß* die magnetische Feldstärke

$$H = \frac{I \cdot w}{l} = \frac{V}{l} \quad \left[\frac{A}{m}\right]. \tag{1.1}$$

Die früher in der Magnetbandtechnik übliche Einheit 1 Oerstedt = 1 Oe = $\frac{10^3}{4\pi}$ $\left[\frac{A}{m}\right]$ wird heute nicht mehr verwendet.

1.2. Magnetische Flußdichte B und magnetische Polarisation J

Die Anzahl der magnetischen Feldlinien pro Flächeneinheit wird *magnetische Kraftflußdichte* genannt. Sie hängt vom Material ab, in dem das Magnetfeld verläuft. Zwei Definitionen sind gebräuchlich

- die *magnetische Flußdichte B* (früher magnetische Induktion genannt)

- die *magnetische Polarisation J*.

Zwischen ihnen und der magnetischen Feldstärke H besteht die Beziehung

$$J = B - \mu_o \cdot H .\qquad(1.2)$$

Hierbei ist μ_o die *absolute oder permanente Permeabilität* des Vakuums oder die *Induktionskonstante*

$$\mu_o = 4\pi \cdot 10^{-7} \left[\frac{Vs}{Acm}\right] .\qquad(1.3)$$

J ist die *zusätzliche*, von der Materie herrührende Kraftflußdichte. Die Anwesenheit von Materie erhöht die Feldliniendichte um den Faktor μ_r der *relativen Permeabilität*.
Es ist

$$\mu_r = \frac{\text{Kraftflußdichte mit Materie}}{\text{Kraftflußdichte ohne Materie}} = \frac{B}{\mu_o \cdot H} ,\qquad(1.4)$$

also gilt auch

$$\boxed{B = \mu_o \cdot \mu_r \cdot H} .\qquad(1.5)$$

Außerdem existiert noch der Begriff der *relativen magnetischen Suszeptibilität* κ_r. Sie ist definiert

$$\kappa_r = \frac{\text{magnetische Polarisation der Materie}}{\text{Kraftflußdichte der Materie}} = \frac{J}{\mu_o \cdot H} = \frac{B - \mu_o \cdot H}{\mu_o \cdot H}$$

(1.6)

oder $\qquad\qquad \kappa_r = \mu_r - 1$. $\qquad\qquad\qquad$ (1.7)

Aus Gleichung (1.2) erhält man somit

$$\boxed{J = \mu_o \cdot \kappa_r \cdot H}\ .$$

(1.8)

1.3. Die Hysteresekurve und die Polarisierungskurve

Die grafische Darstellung von Gleichung (1.5) heißt *Hysteresekurve* und die von (1.8) *Polarisierungskurve*. Bild 1.1 zeigt den Unterschied. Bei der Polarisierungskurve geht die

Sättigungspolarisation J_s in einen horizontalen Verlauf über, während bei der Hysteresekurve die *Sättigungsremanenz* B_s proportional mit H ansteigt. Die *Koerzitivkraft* H_{cJ} ist unabhängig von der Probenform. Die Kurven $O - B_s$ und $O - J_s$ stellen die *Neukurven* oder *jungfräulichen Kurven* dar. Man erhält sie, wenn man vom *magnetisch gelöschten Zustand* (s.a. Abschnitt 2.3) ausgeht.

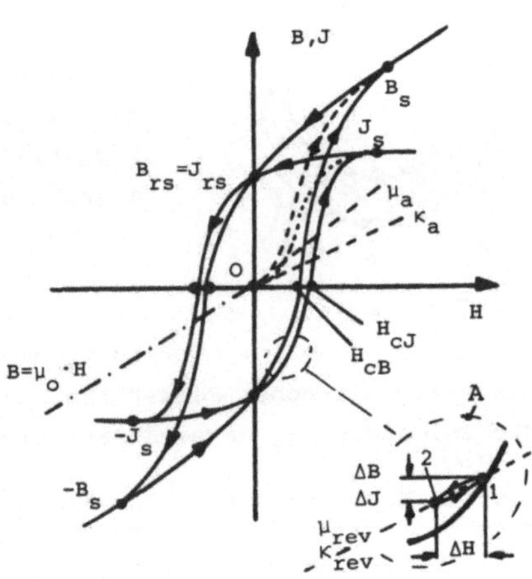

Bild 1.1: Vergleich von Hysterese- und Polarisierungskurve

Die Steigungen der Neukurven *im Nullpunkt* bezeichnen wir als *Anfangspermeabilität* μ_a und *Anfangssuszeptibilität* κ_a. Es gilt

$$\mu_a = \kappa_a + 1\ .$$

(1.9)

1.4. Reversible Permeabilität und Suszeptibilität

Für die magnetische Signalaufzeichnung ist noch eine weitere
Definition wichtig, die sich auf kleine Polarisationsänderun-
gen ΔJ infolge von kleinen Signaländerungen ΔH bezieht.
Bild 1.1 zeigt anschaulich in einem vergrößerten Ausschnitt
A, wie eine kleine Hystereseschleife 1-2 entsteht, wenn die
Feldstärke um einen kleinen Betrag vermindert und dann wieder auf den Ursprungswert gebracht wird. Die mittlere Steigung der "Minischleife" bezeichnet man als *reversible Permeabilität* μ_{rev} bzw. *reversible Suszeptibilität* κ_{rev} .

1.5. Der magnetische Kreis mit Luftspalt

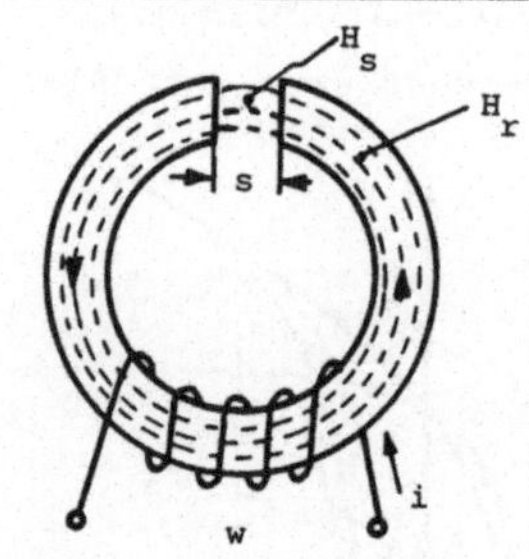

Bild 1.2: Modell des magnetischen Kreises mit Luft-
spalt

Das Grundelement für die magnetische Signalaufzeichnung und -wieder-
gabe ist der *magnetische Kreis mit
Luftspalt*, dessen Prinzip Bild 1.2
zeigt. Er besteht aus einem ferromagnetischen Ring mit sehr hoher
magnetischer Leitfähigkeit (μ_r, κ_r
$\gg 1$) und einem Luftspalt der Breite s und kleiner magnetischer Leitfähigkeit ($\mu_r = 1$, $\kappa_r = 0$). Am
Luftspalt entsteht ein magnetisches
Streufeld mit hoher Feldstärke H_s. Im Inneren des Ringes ist
die Feldstärke H_r dagegen sehr klein.

1.5.1. Scherung der Hysteresekurve

Den Einfluß des Luftspaltes auf die Hysteresekurve erläutert
Bild 1.3. Kurve ① zeigt die Verhältnisse für den geschlossenen Ring, während ② die *Scherung* der Hystereseschleife
durch den Luftspalt verdeutlicht. Wir sehen, daß die Sättigung erst bei wesentlich höherer Feldstärke erreicht wird.

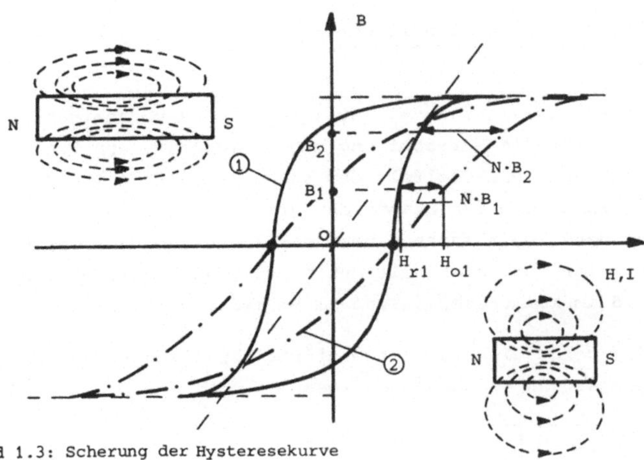

Bild 1.3: Scherung der Hysteresekurve

1.5.2. Selbstentmagnetisierung, Entmagnetisierungsfaktor N

Die Scherung tritt beispielsweise auch auf bei Stabmagneten
und in Magnetbändern, in denen ferromagnetische Partikelchen
in eine unmagnetische Trägersubstanz eingebettet sind. Sie
bewirkt einen Entmagnetisierungseffekt. Bezogen auf Bild
1.3 ergibt sich für B = const.

$$H_r = H_o - N \cdot B . \qquad (1.10)$$

Hierbei bezeichnen wir N als *Entmagnetisierungsfaktor*. H_r
ist die für einen bestimmten Wert von B erforderliche Feldstärke ohne Streuung, H_o die mit Streuung.
Stellt man sich, wie in Bild 1.3 skizziert, zwei Stabmagneten gleichen Querschnittes, aber unterschiedlicher Länge vor,
so läßt sich der längere eher der Hysteresekurve ① und der
kürzere der Kurve ② zuordnen. Je näher die Pole zueinander
liegen, desto größer ist also die Selbstentmagnetisierung.
Dieser Effekt ist unter anderem sehr entscheidend für die
Aufzeichnung hoher Signalfrequenzen auf Band.

2. Physikalisches Prinzip der Signalspeicherung auf Magnetband

Die *Magnetbandaufzeichnung* ist zur Zeit das vorherrschende
Verfahren für die Verarbeitung und Speicherung von Ton- und
Videosignalen. Die Vielfalt der technischen Einzellösungen
und der existierenden Standards ist verwirrend, und wir wollen uns deshalb, ausgehend von den allgemeinen Prinzipien,
schrittweise vertiefend mit den speziellen Details bei Ton
und Bild im kommerziellen und im Heimsektor befassen.

Bild 2.1 zeigt die Systemdarstellung eines Magnetbandauf-
zeichnungs- und Wiedergabeprozesses.

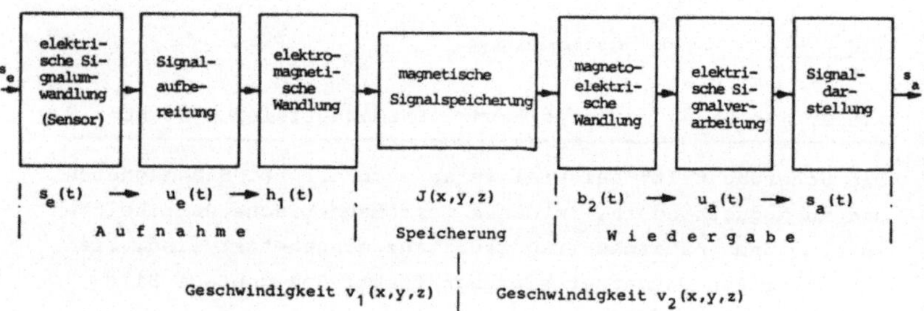

<u>Bild 2.1:</u> Prinzip der Informationsverarbeitung mittels Magnetband

Er ist grundsätzlich gekennzeichnet durch die Umwandlung einer *zeitabhängigen Funktion* $s_e(t)$ (Audio, Video) in eine
Ortsfunktion (Magnetisierung des Bandes $J(x,y,z)$ während
der *Aufnahme* und die Rückwandlung der Ortsfunktion $J(x,y,z)$
in eine zeitveränderliche Funktion $s_a(t)$ bei der Wiedergabe.
Im Idealfall ist $s_a(t)$ ein getreues Abbild von $s_e(t)$.

Während der Aufnahme existiert zwischen dem Magnetband und
dem *Aufsprechkopf* eine normalerweise *konstante Relativgeschwindigkeit* $v_1(x,y,z)$, und während der Wiedergabe bewegen
sich Band und *Wiedergabekopf* ebenfalls mit konstanter Geschwindigkeit $v_2(x,y,z)$ gegeneinander. In der Regel ist
$v_1 = v_2$.

Bei der Aufnahme geschieht zunächst eine elektrische Signal-
wandlung und -aufbereitung. Im Sprechkopf wird anschließend
eine der Information proportionale Feldstärke $h_1(t)$ erzeugt,
die auf dem Band die remanente Polarisation J hinterläßt. Bei
der Reproduktion ruft J im Wiedergabekopf eine *zeitvariante
magnetische Flußdichte* $b_2(t)$ hervor, aus der nach dem *Induktionsprinzip* die elektrische Signalspannung $u_a(t)$ und nach
einer weiteren Umwandlung die Information $s_a(t)$ entsteht.

In der Praxis treten die größten Signalverfälschungen im Bereich der elektro-magnetischen und der magneto-elektrischen
Wandlung auf, wie wir noch sehen werden.

2.1. Allgemeines Blockschaltbild eines Magnetbandgerätes

Aus dem im vorherigen Abschnitt Gesagten leiten wir eine
grobe Übersichtsblockschaltung des eigentlichen Bandgerätes
her, die in Bild 2.2 dargestellt ist.

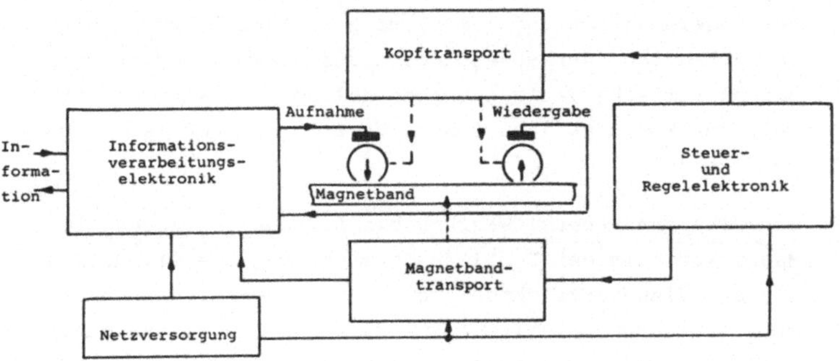

<u>Bild 2.2:</u> Blockschaltung eines Magnetbandgerätes

Folgende wesentliche Komponenten lassen sich unterscheiden:

- *Informationsverarbeitungselektronik:* Sie ist prinzipiell
  unterschiedlich, je nachdem ob Audio- oder Videoaufzeichnung vorgenommen wird. Im Falle von Audio wird vorwiegend *direkt mit Hochfrequenzvormagnetisierung* aufgezeichnet (s. Abschnitt 3.1), während man bei Video *Frequenz-*

modulation anwendet (s. Abschnitt 5.3).

- *Magnetband* (Informationsträger): Die Magnetbandspeicherung nutzt in allen Anwendungsfällen denselben physikalischen Effekt - nämlich die Hysterese - aus. Allerdings existieren im technologischen und konstruktiven Bereich sehr viele Varianten (unterschiedliche Materialien, Bandrollen, Bandkassetten usw.), je nach Anwendungsfeld.

- *Magnetbandtransport:* Der Magnetbandtransport hat die Aufgabe, das Band mit gleichmäßiger Geschwindigkeit zu bewegen, um es abzutasten. Je nach Anwendungsfeld (Studio, Heimgebrauch) werden an die Bandgeschwindigkeit, den Bandzug und die Bandführung sowie deren maximal zulässige Schwankungen unterschiedlich hohe Anforderungen gestellt, die normalerweise nur unter Zuhilfenahme der elektrischen Regelungstechnik erfüllt werden können.

- *Magnetköpfe:* Allen Magnetköpfen ist gemeinsam, daß sie unter anderem einen eng tolerierten Luftspalt, möglichst hohe mechanische Abriebfestigkeit und geringe magnetische und elektrische Verluste haben sollen. Die Mannigfaltigkeit der konstruktiven Lösungen ist sehr groß (s.a. Abschnitt 2.2).

- *Magnetkopftransport:* Während bei Audioaufzeichnung die Magnetköpfe in der Regel feststehen ($v_{Kopf} = 0$), müssen sie bei Videoaufzeichnung wegen der wesentlich höheren erforderlichen Relativgeschwindigkeit v_{rel} zwischen Kopfspalt und Band zusätzlich bewegt werden. (Ausnahme: HiFi-Audioaufzeichnung mit rotierenden Köpfen). Allgemein gilt

$$v_{rel} = v_{Band} + v_{Kopf} \cdot \qquad (2.1)$$

Wie wir später noch sehen werden, sind die Anforderungen an den Synchronismus zwischen Band- und Kopfbewegung sehr hoch und nur mit großem regelungstechnischen Aufwand zu erfüllen (s. Kapitel 6).

- *Steuerelektronik:* Die Steuerelektronik hat vielfältige
  Aufgaben (Regelung von Band- und Kopftransport, Steuerung der Bedienerfunktionen etc.). Sie ist je nach Anwendungsfeld mehr oder weniger komplex und in modernen Geräten häufig auf Mikroprozessorbasis konzipiert.

2.2. Der Magnetkopf als Energiewandler

Wie schon erwähnt, arbeitet der Magnetkopf entweder als elek-
tromagnetischer oder als magneto-elektrischer *Energiewandler.*
Im ersten Falle (Aufnahme) wirkt das *Durchflutungsgesetz*
und im zweiten Falle (Wiedergabe) das *Induktionsgesetz.* Je
nach Aufgabe unterscheidet man

- *Aufnahmekopf* (auch Schreib- oder Sprechkopf genannt)

- *Wiedergabekopf* (Lese- oder Hörkopf)

- *Löschkopf*

sowie *Kombinationsköpfe*

- *Aufnahme-/Wiedergabekopf*
- *Universalkopf (Aufnahme/Wiedergabe/Löschung)*
- *Mehrspurkopf.*

Zwar ist das physikalische Prinzip bei allen Köpfen gleich;
im technologisch-konstruktiven Bereich existiert jedoch eine
sehr große Vielfalt, die wir hier nur grob erörtern können.

2.2.1. Elektromagnetische Eigenschaften

Der Magnetkopf ist, physikalisch gesehen, ein magnetischer
Kreis, wir wir ihn im Abschnitt 1.5 schon kennengelernt haben.

Bild 2.3 zeigt schematisch die technisch häufig verwendete
Form des *Rechteckkern-Kopfes*, anhand dessen wir uns eine Ersatzschaltung entwickeln wollen,die die wesentlichen physikalischen Größen beschreibt. Der Kopf besteht aus den *Kern-
hälften* K_1 und K_2 und den *Wicklungen* W_1 und W_2, dem eigent-

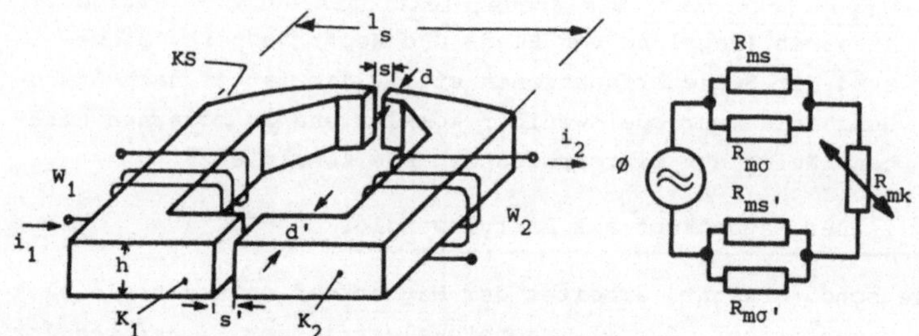

Bild 2.3: Magnetkopfmodell mit Ersatzschaltung

lichen *Arbeitsspalt* mit der Breite s, der Tiefe d und der
Länge h. Bei Aufnahmeköpfen existiert häufig noch ein *rück-
wärtiger Spalt* s'. Die dadurch erzielte Scherung (s.a. Abschnitt 1.5.1) bewirkt eine Linearisierung des magnetischen
Kreises. Wir gehen in unserem gewählten Beispiel davon aus,
daß beide Kopfhälften symmetrisch aufgebaut und die Wicklungen in Reihe geschaltet seien. Dann erzeugt der Strom
$i_1 = i_2 = i$ einen *magnetischen Fluß* $\emptyset$, der den Magnetkreis,
bestehend aus Kern und den beiden Luftspalten, durchsetzt.
Der *magnetische Widerstand* R_{mk} des Kerns ist entsprechend der
Hystereseschleife stromabhängig. In den Luftspalten tritt jeweils ein *rechnerischer Spaltwiderstand* R_{ms} und R_{ms}' auf, der
aber aufgrund des Streufeldes um den *Streufaktor* σ verkleinert wird. In der Ersatzschaltung drücken wir das durch den
Parallelwiderstand $R_{m\sigma}$ bzw. $R_{m\sigma}$' aus. Er kann experimentell
oder durch Näherungsrechnung bestimmt werden. Für den *magnetischen Kernwiderstand* gilt

$$R_{mk} = \frac{l_k}{A_k \cdot \mu} = \frac{l_k}{A_k \cdot \mu_o \cdot \mu_r} \quad \left[\frac{A}{Vs}\right] = \left[\frac{A}{Wb}\right] . \tag{2.2}$$

A_k ist hierbei der mittlere Querschnitt des Kerns und l_k die
magnetische Weglänge im Kern.
Entsprechend gilt für den *magnetischen Luftspaltwiderstand*

$$R_{ms} = \frac{s}{A_s \cdot \mu_o \cdot \sigma} \quad . \tag{2.3}$$

$A_s = h \cdot d$ ist die geometrische Spaltquerschnittsfläche und
s die Spaltbreite. Für den *rückwärtigen* Luftspalt läßt sich
angeben

$$R_{ms}' = \frac{s'}{A_s' \cdot \mu_o \cdot \sigma} \tag{2.4}$$

mit $A_s' = h \cdot d'$ als geometrischer Rückspaltfläche.

2.2.1.1. Magnetischer Wirkungsgrad

Eine wichtige Größe ist der *magnetische Wirkungsgrad* des
Kopfes. Betrachten wir die Ersatzschaltung in Bild 2.3 und
vergegenwärtigen uns, daß der eigentliche Nutzwiderstand der
magnetische Spaltwiderstand ist, so erkennen wir, daß der
Wirkungsgrad umso größer ist, je größer man den Spaltwiderstand R_{ms} und je kleiner man den Kernwiderstand R_{mk} macht.
Das bedeutet, s und μ sollten groß sein. Um ein möglichst
großes Streufeld zu erhalten, muß die Spalttiefe d klein
sein. Leider stehen dem andere Forderungen entgegen: Für die
Aufzeichnung hoher Frequenzen benötigen wir kleine Spaltbreiten, und im Hinblick auf den mechanischen Abrieb des Kopfes
im Betrieb darf die Spalttiefe d nicht zu klein gewählt werden.

2.2.1.2. Einfluß des Kopfspiegels bei tiefen Frequenzen

Als *Kopfspiegel* bezeichnet man den Teil des Magnetkopfes, der
mechanisch in Kontakt mit dem Band ist. Eine häufig anzutref-
fende Form des Kopfspiegels KS ist die in Bild 2.3 skizzierte.
KS ist hier Teil eines Zylindermantels. Form und Größe von KS
bestimmen unter anderem den *Bandandruck* und den *Amplituden-
gang der Abtastung bei tiefen Frequenzen*, wenn Kopfspiegellän-
ge l_s und aufgezeichnete Wellenlänge λ in die gleiche Größenordnung kommen. Für den Fall der Aufzeichnung zeigt Bild 2.4
die remanente Polarisation J_{rem}.

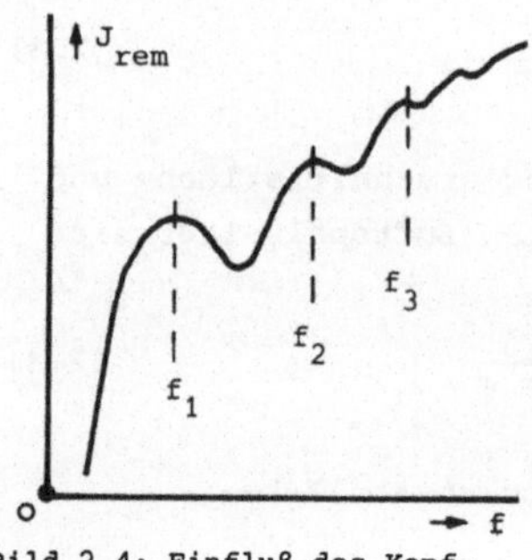

Bild 2.4: Einfluß des Kopfspiegels bei tiefen Fre-
quenzen

Welligkeit tritt auf in dem Frequenzbereich, in dem näherungsweise gilt

$$f_n = n \cdot \frac{v}{l_s} \qquad (n=1,2,3\ldots) . \quad (2.5)$$

Hierbei ist v die Bandgeschwindigkeit. Verantwortlich hierfür ist
die *Kopfspiegelfunktion*, die man
als Variante der *Spaltfunktion*
auffassen kann. Die Spaltfunktion
wird im nächsten Abschnitt näher
erläutert.

2.2.1.3. Einfluß der Spaltbreite bei hohen Frequenzen

Bild 2.5 zeigt schematisch den Kopf in Interaktion mit dem
Magnetband während des Aufzeichnungsprozesses. Wird der Kopf
mit einer sinusförmigen Spannung u gespeist, so werden auf
dem vorbeilaufenden Band remanente Polarisierungen mit der

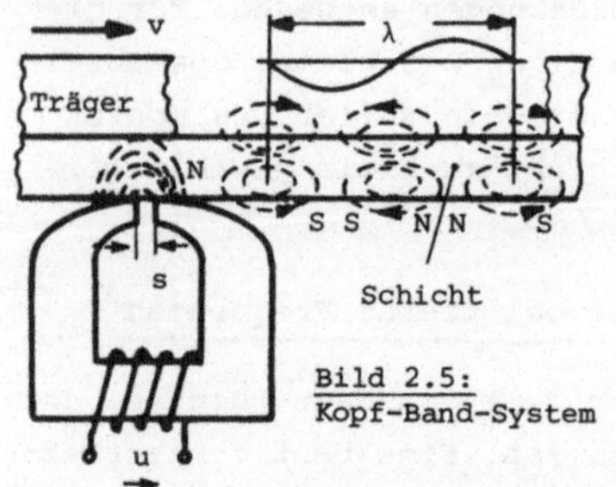

Bild 2.5:
Kopf-Band-System

Wellenlänge λ erzeugt. Bewegt sich das Band mit der
Geschwindigkeit v, so gilt
die elementare Gleichung

$$v = f \cdot \lambda . \qquad (2.6)$$

Die aufgezeichnete Wellenlänge wird also bestimmt durch
die Bandgeschwindigkeit v und
die Signalfrequenz f. Sie ist

um so kürzer, je höher f und je kleiner v sind. In dem Fall,
wo bei der Frequenz f_1 die Wellenlänge λ_1 gleich der wirksamen Spaltbreite s wird, hat die remanente Polarisierung den
Wert Null. Läßt man die Frequenz weiter steigen, so steigt
auch die Remanenz entsprechend Bild 2.6 wieder und erreicht
bei f_2 eine zweite Nullstelle und so fort. Maßgebend hierfür

ist die *Spaltfunktion*, deren allgemeine Form lautet

$$\boxed{y = \frac{\sin x}{x}} \quad \text{mit} \quad x = \frac{\pi \cdot s}{\lambda} \; .$$

$$(2.7)$$

Für die Nullstellen-Frequenzen f_n gilt

$$f_n = n \cdot \frac{v}{s} \qquad (n=1,2,3 \; ..) .$$

$$(2.8)$$

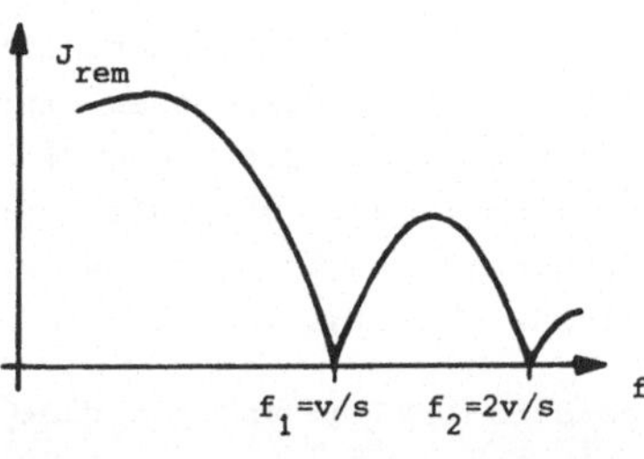

Bild 2.6: Einfluß der Spaltfunktion bei hohen Frequenzen

2.2.1.4. Einfluß der Spaltstellung bezüglich des Bandes

Die korrekte *Spaltjustage* bezüglich des Bandes hat einen wesentlichen Einfluß auf die Qualität von Aufnahme und Wiedergabe. Im Bild 2.7 sind die wichtigsten Möglichkeiten für Fehljustagen zwischen Kopf und Band skizziert.

Bei korrekter Einstellung stehe der Spalt senkrecht zur Bandlaufrichtung. Gehen wir bei der Aufnahme von diesem Fall aus, so erzeugt die *Schiefstellung* des Spaltes (Bild 2.7a) bei der Wiedergabe eine Phasendifferenz zwischen dem oberen und unteren Teil des abgetasteten Magnetflusses.

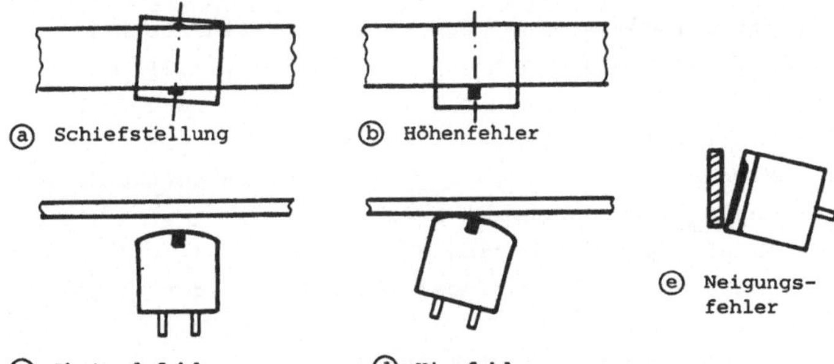

Bild 2.7: Mögliche Fehljustagen zwischen Band und Kopf

Das führt zu einer gegenseitigen Kompensation dieser Anteile.
Der Effekt ist um so störender, je kürzer die Wellenlänge,
also je höher die Frequenz ist. Dadurch fällt der Amplituden-
gang bei hohen Frequenzen stark ab. Ein *Höhenfehler* in der
Kopfstellung entsprechend Bild 2.7b verursacht den Verlust an
Signalamplitude, verschlechtert also das Signal/Rausch-Ver-
hältnis (S/N) und führt bei Mehrspuraufzeichnung zum Übersprechen in eine benachbarte Spur.

Abstands-, *Kipp-* und *Neigungsfehler* nach den Bildern 2.7c-e
beeinflussen den ordnungsgemäßen Kopf-Band-Kontakt, verschlechtern damit das S/N-Verhältnis und auch den Amplituden-
gang bei höheren Frequenzen.

2.2.2. Technologische und mechanische Eigenschaften

Wie im Abschnitt 2.2 schon erwähnt, sind die Konstruktions-
formen von Magnetköpfen sehr vielfältig und dem jeweiligen
Zweck angepaßt. Wir können hier nur die im Hinblick auf die
Fernsehtechnik wichtigsten Varianten behandeln. Sie beziehen
sich auf *Magnetkernmaterial*, *Magnetfeldlinienführung* (Magnetkreis), *Wicklungsformen* und *Abschirmungen*.

2.2.2.1. Magnetkernmaterial

Folgende Forderungen sind an Magnetkopfmaterialien zu stellen

- *hohe mechanische Abriebfestigkeit* (Vickershärte HV)
- *hohe Anfangspermeabilität* μ_a (s. Abschnitt 1.3)
- *kleine Koerzitivfeldstärke* H_c (s. Bild 1.1) und damit
  kleine Hystereseverluste
- *hohe Maximalpermeabilität* μ_{max} (kleiner magnetischer Widerstand R_{mk}, s. Abschnitt 2.2.1)
- *hohe Sättigungspolarisation* J_s
- *hoher elektrischer Widerstand* (Minimierung der Wirbelstromverluste)
- *leichte mechanische Bearbeitbarkeit*.

Handelsbe- zeichnung	Zusammen- setzung	Anfangs- permeabilität μ_a .10³	Maximale Permeabilität μ_{max} .10³	Sättigungs- Polarisation J_s [mT]	Koerzitiv- kraft H_c $\left[\frac{mA}{cm}\right]$	spez. elektr. Widerstand .10⁻⁶ [Ωcm]	Vickershärte [HV]
Mumetall	Ni,Fe,Cu,Cr	30	100	800	20	55	100
Permalloy	Ni,Fe,Mo	20	70	870	60	55	130
Recovac	Ni,Fe,Ti	30	80	500	20	90	230
Alfenol	Al,Fe	8	30	800	60	145	300
Vacodur	Al,Fe	4	40	750	40	150	300
Ni-Zn- Ferrit	NiO, ZnO, Fe_2O_3	2,3	–	280	40	10^{10}	700
Mn-Zn- Ferrit	MnO, ZnO, Fe_2O_3	12	–	430	35	10^4	600
amorphe Metalle	Fe, Ni, Co	22	60	900	18	1100	1000

<u>Tabelle 2.1:</u> Kenndaten von Magnetkopfwerkstoffen

Tabelle 2.1 enthält eine Zusammenstellung der wichtigsten
Kernmaterialien, die man grundsätzlich in 3 Gruppen einteilen
kann

- *metallisch-kristalline* Werkstoffe (Metall-Legierungen)
- *nichtmetallisch-keramische*, (einkristalline) Ferrit-Werk-
  stoffe
- *amorphe* (nichtkristalline) Metall-Legierungen
  ("metallische Gläser").

Die letztgenannte Gruppe ist in der Magnetbandtechnik erst
seit kurzer Zeit im Einsatz, die Entwicklung ist noch in vol-
lem Gange.

Vergleichen wir die Eigenschaften der Metallegierungen mit
denen der Ferrite, so sehen wir bei beiden Vor- und Nachteile
(Tabelle 2.2).

Werkstoff	Vorteil	Nachteil
Metallegierungen	sehr gute magnetische Eigenschaften bei tiefen Frequenzen mechanisch leicht zu bearbeiten	geringe mechanische Härte (Lebensdauer) schlechtere Hochfrequenzeigenschaften
Ferrite	hohe mechanische Standfestigkeit geringe Hochfrequenzverluste	schwer zu bearbeiten schlechtere magnetische Eigenschaften

Tabelle 2.2: Vergleich der Eigenschaften Legierungen / Ferrite

Da sich hier hohe Lebensdauer und gute magnetische Eigenschaften offenbar gegenseitig ausschließen, müssen Kompromisse gewählt werden.

Ferritköpfe verwendet man für Videoaufzeichnung (hohe Kopfgeschwindigkeiten) und Legierungsköpfe für Audioaufzeichnung. Zur Verminderung der Wirbelstromverluste werden die Kernbleche lamelliert, wie bei Transformatoren üblich (Kernblechdicken 50 ... 150 µm, Bleche geglüht und oxidiert).

Betrachten wir nun die Eigenschaften der amorphen Metalle, so sehen wir, daß sie die günstigen weichmagnetischen Daten der Legierungen und die große mechanische Härte der Ferrite in sich vereinigen. Ihr Nachteil liegt darin, daß sie technologisch sehr aufwendig sind und nur in etwa 50 µm dicken Bändern zur Verfügung stehen. Bei der Herstellung von Videoköpfen wird deshalb eine Verbundtechnik aus Ferrit und amorphen Metallen angewandt.

2.2.2.2. Magnetischer Kreis (Kernformen) und Wicklungsanordnungen

Zur Erzielung eines guten Kopfwirkungsgrades (s.a. Abschnitt 2.2.1.1) müssen allgemein der Eisenquerschnitt möglichst groß, die Eisenweglänge möglichst kurz und die Kernform am vorderen Luftspalt möglichst keilförmig zulaufend sein. Da der Kern meistens aus 2 Hälften besteht, sind die Kontaktflächen extrem eben, damit reproduzierbare, streuarme Magnet-

feldführungen entstehen. Vielfach sind die Wicklungen auch in
2 Hälften aufgeteilt. Der Kopfspiegel ist poliert, damit möglichst geringe Rauhigkeit erzielt wird. Er trägt seinen Namen
also zu Recht.

Bild 2.8 enthält eine Auswahl gebräuchlicher Kopfkonstruktio-
nen.

Die obere Reihe ⓐ bis ⓒ ist typisch für Audioanwendung,
der Doppelspaltkopf ⓓ dient als Löschkopf (s. Abschnitt
2.4), und der Ferritkopf ⓔ ist die Grundform des Videokopfes in Videokassettenrecordern. Ferritköpfe können für andere
Anwendungen auch in den Formen ⓐ bis ⓓ vorkommen.

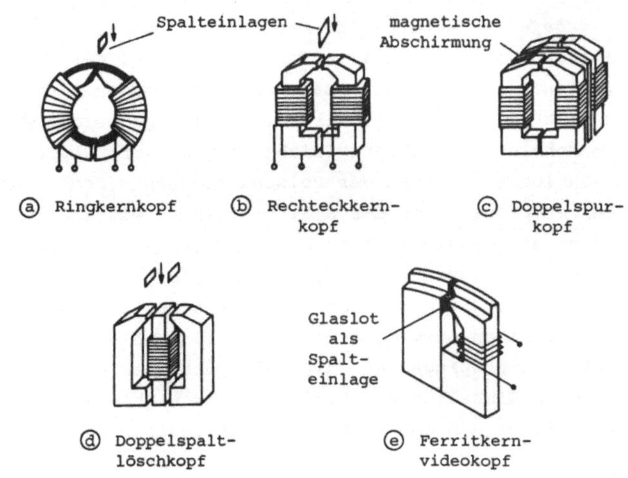

Bild 2.8: Gebräuchliche Magnetkopfformen

2.2.2.3. Fertigungstechnologie von Magnetköpfen

Die Fertigung von Magnetköpfen erfordert sehr hohe Genauigkeiten und unterscheidet sich grundsätzlich, je nachdem, ob
Blech- oder Ferritkerne hergestellt werden. Nachfolgend wollen wir uns mit den wichtigsten Fertigungsschritten stich-
wortartig vertraut machen.

Eisenkernköpfe: Gratfreies Stanzen der Kernbleche aus ca.
0,05 - 0,1 mm starkem Blech - Glühen und Oberflächenoxidie-
ren der Einzelbleche zur Beseitigung von Materialspannungen
und Erzielung einer hohen Permeabilität - Schichten und Ver-
kleben des Lamellenpakets - Schleifen und Läppen der Polflächen - Bewickeln der Polschenkel - Zusammenfügen der Kopfhälften bei gleichzeitiger Einstellung der Spaltbreiten mittels Spaltfolien definierter Dicke - Montage und Verguß im
Gehäuse - Schleifen und Läppen des Kopfspiegels. Zur Erhal-
tung der hochkoerzitiven Materialeigenschaften müssen alle
mechanischen Bearbeitungen sehr oberflächenschonend bei geringer mechanischer Beanspruchung erfolgen.

Ferritkernköpfe (erläutert wird das Beispiel eines Videokopfes): Das Ausgangsmaterial ist eine Keramik, bei der die
Kristallorientierung für die späteren magnetischen Eigenschaften wichtig ist und deshalb berücksichtigt werden muß.
Aus einem Rohblock entstehen gleichzeitig mehrere Köpfe: Sä-
gen des Rohblocks - Läppen der Polschuhflächen - Schleifen
des Wickelraumprofils und des Spaltprofils - Verschmelzen der
Blockhälften mit Glaslot bei hohen Temperaturen - Schleifen
und Läppen der Spaltprofilfläche zur Erzielung der späteren
Kopfspiegel - kammartiges Zersägen des Blockes zu Einzelköp-
fen, die über einen Steg zunächst verbunden bleiben - Schleifen der Einzelkopfspiegel auf die Sollspurbreite - Zerlegung
des Blockes in Einzelköpfe - Einfädeln der Wicklungsdrähte
in den Wickelraum - Endmontage und elektrische Prüfung.

Amorpher Videokopf: Amorphe Metalle dürfen höchstens auf
350° erhitzt werden, weil sie sonst rekristallisieren und damit ihre hervorragenden Eigenschaften vollständig verlieren.
Da sie außerdem nur in dünnen Bändern verfügbar sind, werden
Verbundblöcke aus dünnen Ferritplättchen, amorphen Folien und
Glas geklebt, die dann durch Schleif- und Polierprozesse ähnlich weiterverarbeitet werden wie Ferritköpfe.

2.3. Das Magnetband

2.3.1. Allgemeines

Die *Magnetbandspeichertechnik* besitzt eine Reihe von Vorzügen
im Vergleich zu anderen Verfahren, die im wesentlichen durch
die *Eigenschaften der Bänder* bedingt sind. Ursprünglich für
Audioanwendungen eingesetzt, hat sie sich in den letzten 3
Jahrzehnten in der Video-, der Meß- und der Digitaltechnik
als Massenspeicherverfahren gleichermaßen durchgesetzt. Die
prinzipiellen Eigenschaften der Bandspeichertechnik sind für
alle Bereiche gleich oder zumindest ähnlich und lassen sich
mit folgenden Stichworten umreißen:

- Für Aufnahme und Wiedergabe sind *relativ einfach* aufge-
  baute elektromagnetische *Wandler* erforderlich (s. Abschnitt 2.2).

- Die *Aufzeichnung* läßt sich nahezu beliebig oft *löschen*
  und durch eine neue ersetzen.

- Die *Wiedergabe* kann praktisch nahezu beliebig oft *ohne
  Qualitätseinbuße* erfolgen.

- Die Aufzeichnung erfolgt über eine *elektrische Größe*. Somit ist im Prinzip *jede Information und jede physikalische Größe speicherbar*, sofern man jeweils einen Sensor
  findet, der die Ursprungsgröße in eine elektrische umsetzt.

- Die *Speicherkapazität* ist praktisch unbegrenzt, und die
  Informationsdichte wird in der Regel *nicht durch das Band*,
  sondern durch das Magnetband*gerät* bestimmt.

- Die gespeicherte Information kann ohne Energiezufuhr unter definierten Lagerbedingungen praktisch *beliebig lange
  erhalten* bleiben.

- Durch Geschwindigkeitstransformation und/oder teilweises
  Abtasten bei der Wiedergabe lassen sich *Zeitlupen-* und
  Zeitraffereffekte mit relativ geringem Aufwand erzielen.

- Zwischen Aufzeichnung und Wiedergabe existieren keine

Zwischenverarbeitungsschritte; die Aufzeichnung läßt sich unmittelbar nach der Entstehung kontrollieren *(Hinterbandkontrolle)*.

Die prinzipiellen *Anforderungen* an Magnetbänder *im Betrieb* lassen sich ebenfalls knapp umreißen:

- Hohe mechanische *Belastbarkeit* des Trägermaterials

- exakte *Schneidkanten* und konstante *Breite* des Bandes

- gute *Wickelfähigkeit* und *Gleitfähigkeit*

- hohe *Abriebfestigkeit* und geringe *Dickenschwankung* der Magnetschicht

- niedriger elektrischer *Oberflächenwiderstand* zur Vermeidung von statischer Aufladung.

2.3.2. Mechanische Eigenschaften

Den prinzipiellen Aufbau eines Magnetbandes zeigt Bild 2.9. Moderne Bänder haben durchweg einen *Schichtenaufbau* und bestehen aus mindestens 2 Schichten, dem *Träger* und der *Magnetschicht mit Bindemittel.*

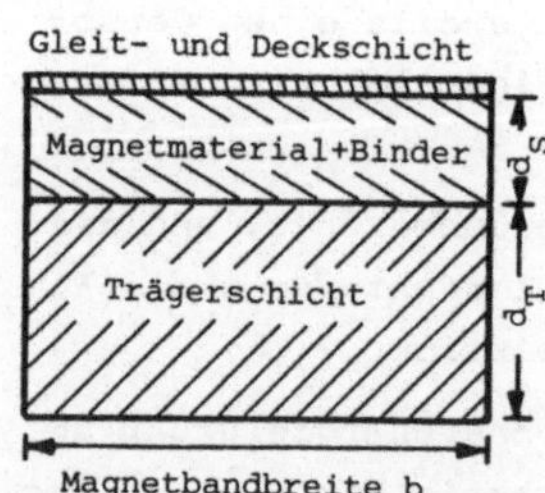

Bild 2.9: Schichtbandaufbau, schematischer Querschnitt

Der Träger besteht aus *Polyvinylchlorid (PVC)* oder *Polyester (PE)*. Diese Materialien zeichnen sich aus durch hohe Zerreißfestigkeit, geringe plastische Dehnung, schlechte Entflammbarkeit, geringe Luftfeuchtigkeitsaufnahme und hohe Maßhaltigkeit. Durch einen mechanischen Reckprozeß vor der eigentlichen Beschichtung wird die elastische Dehnungsfähigkeit der Folie minimiert. Die Magnetschicht enthält die magnetisierbaren Teilchen (γ-Fe_2O_3, CrO_2- oder Fe-Kristalle) gleichmäßig in feinster Verteilung in einer Bindemasse (z.B. PVC, Mischpolymerisate). Zur Verminderung des Ab-

riebverhaltens haben höherwertige Bänder noch eine graphit-
oder siliconhaltige Deck- und Gleitschicht, und zur Verbesserung der Wickelfähigkeit und Vermeidung der statischen Aufladung tragen manche Bänder eine rückseitige, rauhe Leitschicht
(z.B. Graphit- oder Titandünnschicht).

Die *Trägerfoliendicke* d_T hat je nach Anwendungszweck Wertebe-
reiche von 50 ... 55 µm (Audiobänder im Studiobetrieb), 25 µm
... 6 µm (Audioheimbänder in Langspiel-, Doppelspiel- ...
Sechsfachspiel-Ausführung) oder 30 ... 12 µm (Videoanwendungen).

Die *mechanische Breite* b des Bandes wird üblicherweise in
Zoll (inch) angegeben. Standardmaße sind 2"; 1"; $\frac{3}{4}$"; $\frac{1}{2}$"; $\frac{1}{4}$",
entsprechend 50,8; 25,4; 19,05; 12,7; 6,25 mm. Die zwei brei-
ten Formate sind für die professionellen Videotechniken wichtig, während bei semiprofessionellen und Heimvideogeräten $\frac{3}{4}$",
$\frac{1}{2}$" und neuerdings auch 8 mm verwendet werden. Audiokassetten-
bänder haben, abweichend davon, 3,81 mm Breite. Die *Magnetschichtdicke* d_S richtet sich nach d_T und variiert etwa zwischen 15 µm und 3 µm. Die Bänder werden entweder auf *Spulen*,
in *Kassetten* oder als *freie Wickel* verwendet. Die letztgenannte Technik ist im professionellen Audiobereich üblich.

2.3.3. Elektromagnetische Eigenschaften

Wie im Abschnitt 2.3.2 kurz erwähnt, besteht die *Magnetschicht* der derzeitigen Bänder aus ferromagnetischem Material, in feinsten Kristallen gleichmäßig in einer Bindemasse
verteilt. Der Anteil der magnetisierbaren Masse *(Volumenfüllfaktor)* beträgt etwa 35 ... 38%. Moderne Bänder enthalten na-
delförmiges γ-Fe_2O_3 *Eisenoxid*, CrO_2 *Chromdioxid* und, zur Zeit
noch vereinzelt, auch *Reineisen* Fe in Pigmentform (in Com-
pact-Kassetten) oder als Metallbedampfung. Die Nadelkristalle
haben Abmessungen von ca. 1 µm x 0,1 µm (Länge x Durchmesser)
bei γ-Fe_2O_3 bzw. 0,5 µm x 0,05 µm bei CrO_2. Im Gegensatz zum
Kopfmaterial soll das Magnetband möglichst *hartmagnetisch*

sein, also eine hohe Koerzititivfeldstärke H_{cJ} und ein hohes Verhältnis remanente Polarisation: Sättigungspolarisation J_{rs}/J_s (s.a. Bild 1.1), auch *Rechteckfaktor* geannnt, haben. Eine charakteristische Größe ist außerdem das *magnetische Energieprodukt* $H_{cJ} \cdot J_s$. Die Nadelkristalle werden bei der Bandherstellung einheitlich longitudinal ausgerichtet, wodurch das Band eine magnetische Vorzugsrichtung erhält. (Ältere Bänder mit kubischem Fe_2O_3 haben diese Orientierung nicht; sie sind heute unwichtig).Die *maximale relative Permeabilität* μ_{rmax} hängt wegen des inneren Entmagnetisierungseffektes (s.a. Abschnitt 1.5.2) sehr stark vom Volumenfüllfaktor ab und liegt deutlich unter der von Kopfmaterialien (vgl. Tab. 2.3 mit Tab. 2.1). In Compaktkassetten finden wir auch sog. *Zweischicht-FeC_r-Bänder*, die je eine Magnetschicht aus γ-Fe_2O_3 und CrO_2 enthalten. Die Reineisenbänder für Videoanwendungen sind noch im Laborstadium.

Kenngröße	γ-Fe_2O_3	CrO_2	Fe
H_{cJ} [A/cm]	240	390	700
J_s [mT]	135	180	$\leq$ 900
J_{rs} [mT]	110	160	$\leq$ 750
J_{rs}/J_s	0,8	0,9	0,8
μ_{rmax}	20	26	22
$H_{cJ} \cdot J_s \left[\frac{T \cdot A}{cm}\right]$	32	70	630

Tabelle 2.3: Kennwerte von Magnetwerkstoffen für Bänder

2.4. Der magnetische Löschvorgang

Bei analoger Signalaufzeichnung ist es im Interesse eines hohen Signal-Störabstandes wünschenswert, daß das Magnetband vor der Aufzeichnung einen *magnetisch neutralen (gelöschten)* Zustand J_r=0 besitzt. Das ist im Prinzip möglich, wenn man bei einer vorhandenen remanenten Polarisierung J_r durch Aufbringen einer entgegengesetzten Koerzitivkraft dafür sorgt, daß J_r gerade kompensiert wird. Die praktische Schwierigkeit bei diesem Verfahren besteht darin, daß der erforderliche Wert der Koerzitivkraft sich dauernd ändert. Man verwendet statt dessen allgemein den *Löschvorgang mit Hochfrequenz-Wechselfeld.*

2.4.1. Prinzipielle Darstellung mittels Hysterese-Schleife

Das Prinzip der *Hochfrequenz-Wechselfeldlöschung* besteht
nach Bild 2.10 darin,
daß das Band einem
zeitlich an- und wie-
der abschwellendem
Wechselfeld ausgesetzt
wird. Hierbei ist ent-
scheidend, daß das
Feldmaximum so stark
gewählt ist, daß die
Sättigungsschleife
durchlaufen wird. Das
Löschen geschieht da-
durch, daß die nach dem
Auftreten des Feldmaxi-
mums allmählich abneh-
menden Feldstärkeampli-
tuden zum Durchlaufen
immer kleiner werdender
Hystereseschleifen

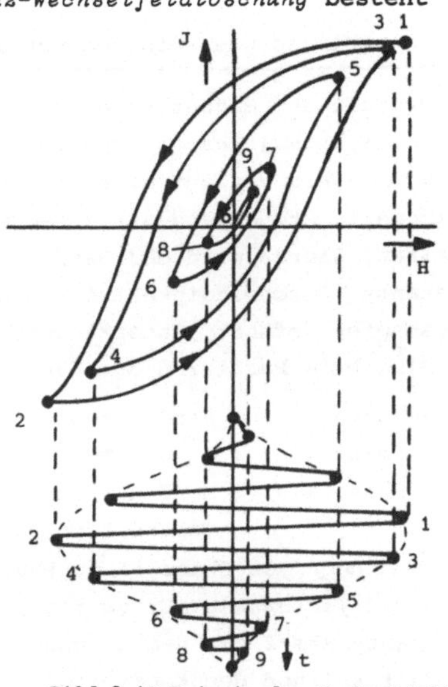

Bild 2.10: Prinzip der Wechselfeld-
Löschung

führen, bis zuletzt der Nullpunkt erreicht ist. Die "Vorge-
schichte" vor dem Maximum ist dabei unerheblich. Hochfrequenz
(ca. 30 kHz bei Audio bis 200 kHz bei Videoanwendung) wird
deshalb verwendet, damit der Löschvorgang genügend schnell
verläuft und innerhalb vorgegebener Zeit genügend viele Zy-
klen durchlaufen werden können.

2.4.2. Technische Realisierung im Bandgerät

Die technische Realisierung der *Bandlöscheinrichtung* ist re-
lativ einfach und geschieht mittels eines *Löschkopfes* (s.a.
Bild 2.8d). Charakteristisch für den Löschkopf ist sein im
Vergleich zum Aufnahme- und Wiedergabekopf breiter Spalt.
Passiert ein Bandelement das Feld dieses Kopfes, so steigt
und fällt die Umhüllende der wirksamen Feldstärke nach Form

einer Glockenkurve (s. Bild 2.10), und es werden genügend
Ummagnetisierungszyklen durchlaufen.

2.5. Prinzip des Aufsprechvorganges

Das Prinzip der magnetischen Signalaufzeichnung macht sich
das *Durchflutungsgesetz* zunutze. Es besteht darin, das mit
dem zeitlichen Verlauf eines elektrischen Stromes direkt
verkoppelte Magnetfeld auf einem magnetisierbaren Band fest-
zuhalten. Hierzu wird das Band entsprechend Bild 2.5 mit
konstanter Geschwindigkeit durch das Streufeld des Aufzeichnungskopfes geführt. Entsprechend Bild 2.11 lassen sich für
das Band beim Passieren des Kopfes 3 Phasen unterscheiden

- Phase I   : Band ist noch neutral (gelöscht)
- Phase II   : Band wird vom Kopffeld beeinflußt
- Phase III : Band hat das Kopffeld verlassen und ist
               remanent polarisiert.

Der *Übergang* von Phase II zu Phase III ist der eigentliche
Ort der Aufzeichnung. Er variiert bezüglich der "ablaufenden"
Spaltkante x=s/2 mit dem Abstand y zwischen dem betrachteten
Bandpartikel und dem Kopfspiegel (y=0).

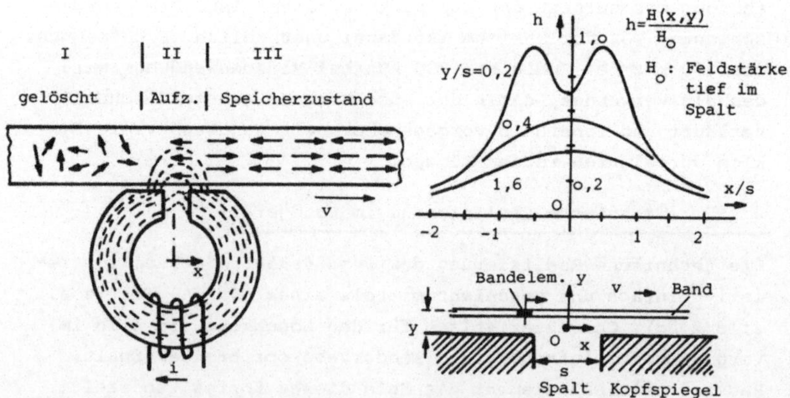

Bild 2.11: Prinzip der Aufzeichnung   **Bild 2.12:** Erläuterung im Text

Bild 2.12 zeigt dies in normierter Darstellung. Die Ortskoordinaten sind auf s normiert. Das Band bewegt sich von links nach rechts in x-Richtung am Kopfspalt vorbei, in dessen Innerem die Feldstärke H_o herrschen möge. Betrachten wir das markierte Bandelement , so unterliegt es je nach Abstand y während des Durchlaufs einem oder zwei Maxima der Feldstärke, die hier in normierter Form $h = H(x,y)/H_o$ dargestellt sind. Entscheidend für die remanente Polarisierung des Bandes nach Verlassen des Spaltfeldes ist allein das *letzte* (bzw. *einzig*) *aufgetretene Maximum* von h. Damit ist der Ort der Aufzeichnung eine Funktion von H und damit von x und y.

2.5.1. Verlauf des Kopfspaltfeldes

Wir gehen bei unseren bisherigen Betrachtungen immer stillschweigend von der Standard-Kopfform aus, bei der das *Spaltstreufeld ohne Anwesenheit des Bandes* ($\mu_r=1$) einen Verlauf hat, wie er in Bild 2.13 skizziert ist. Die Gleichung für die Äquipotentiallinien lautet unter der Annahme, daß die Permeabilität des Kopfmaterials $\mu_{rKopf} \gg 1$ ist und das magnetische Potential auf den Polflächen $\varphi_1 = +V/2$ und $\varphi_2 = -V/2$ beträgt

$$\varphi(x,y) = \frac{V}{\pi} \left[a \cdot \text{arc tan } \frac{a}{c} - b \cdot \text{arc tan } \frac{b}{c} + \frac{x}{2 \cdot s} \ln \frac{b^2+c^2}{a^2+c^2} \right]$$

$$(2.9)$$

$$\text{mit} \quad a = \frac{1}{2} + \frac{x}{s} \; ; \; b = \frac{1}{2} - \frac{x}{s} \; ; \; c = \frac{y}{s} \; .$$

Da die Magnetschichtdicke d_S die Größenordnung der Spaltbreite s hat, sehen wir, daß das Band nicht homogen durchmagnetisiert wird, sondern daß die remanente Polarisation *Längs-* und *Querkomponenten* aufweist, wie das in Bild 2.14 dargestellt ist. Skizziert ist die Polarisation der einzelnen Volumenelemente, wobei die Länge des Pfeiles den Betrag wiedergibt und die Pfeilspitze von N nach S zeigt. In der Praxis wird der Feldverlauf von Bild 2.13 aufgrund der Anwesenheit des Bandes ($\mu_{rBand} \neq 1$) und durch die magnetische Sättigung in den Spaltkanten zusätzlich beeinflußt, die sich als Abrundung der

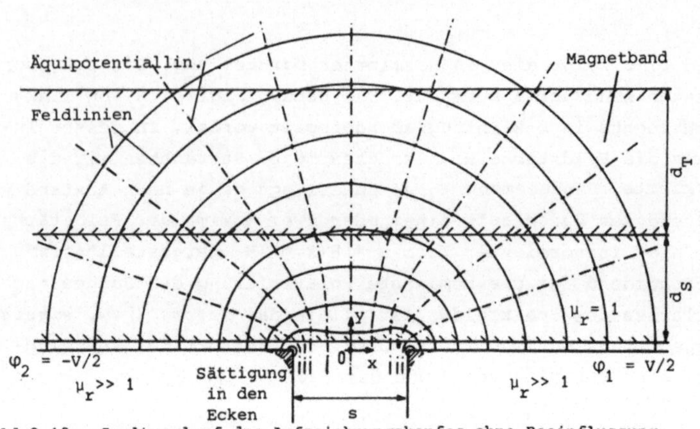

Bild 2.13: Spaltverlauf des Aufzeichnungskopfes ohne Beeinflussung durch das Band

Ecke auswirkt (im Bild schraffiert). Obwohl das Prinzip der Aufzeichnung relativ einfach ist, läßt es sich theoretisch wegen der Vielzahl der Einflußparameter bis heute nur näherungsweise beschreiben. Außerdem gibt es bei der praktischen Realisierung für die einzelnen Anwendungen eine Fülle unterschiedlicher, zusätzlicher Probleme. Einige werden wir noch erörtern.

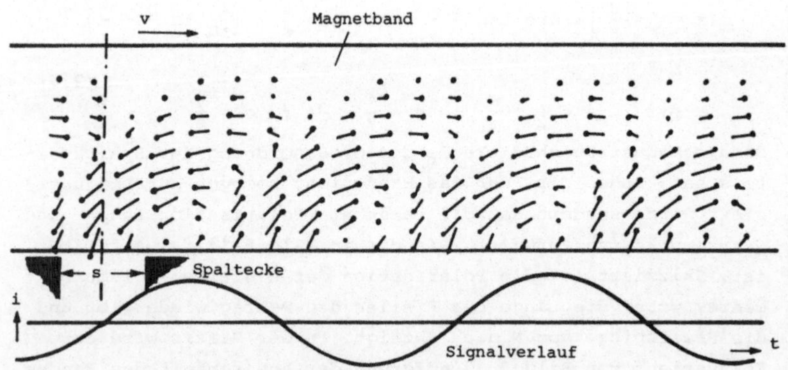

Bild 2.14: Remanente Polarisierung des Bandes nach der Aufzeichnung eines sinusförmigen Signals

2.5.2. Die Remanenzkennlinie

Der in 2.5.1 beschriebene direkte Aufzeichnungsprozeß ist grundsätzlich *nichtlinear*. Bild 2.15 zeigt die hierfür typische *Remanenzkennlinie* J_r = f(H) (rechte Bildhälfte) und ihre Entstehung aufgrund der Hystereseschleife (linke Bildhälfte). Ausgangspunkt bildet die Neukurve. Wird das Material bis zur Feldstärke H_1, H_2 ... H_s aufmagnetisiert, so hinterläßt H_1 die remanente Polarisation J_{r1}, zu H_2 gehört J_{r2}, und H_s erzeugt die Sättigungspolarisation J_{rs}.

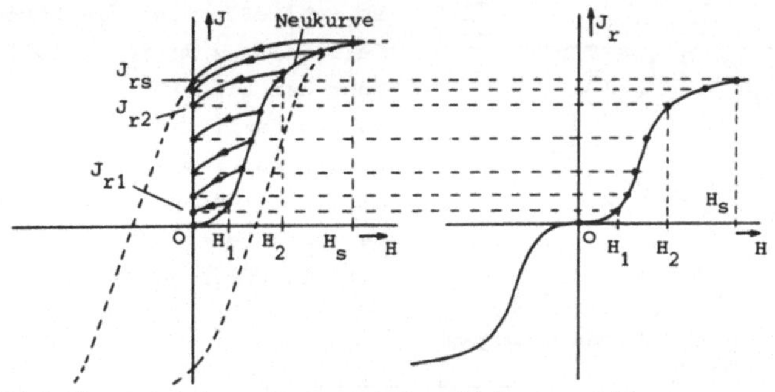

Bild 2.15: Entstehung der Remanenzkennlinie J_r = f(H)

Bei Audio- und Videoaufzeichnung werden unterschiedliche Verfahren verwendet, um die Nichtlinearität der Remanenzkennlinie zu eleminieren (s. Abschnitte 3.1 und 5.3).

2.6 Prinzip des Wiedergabevorgangs

Für die Abtastung der auf dem Band gespeicherten Information sind grundsätzlich 2 Möglichkeiten gegeben

- Ausnutzung des *Induktionsgesetzes* durch die Anwendung von *Induktionsköpfen:* Die Wiedergabespannung u_w ist proportional der *zeitlichen Änderung* des Magnetflusses $\emptyset$

$$u_w \sim d\emptyset/dt \ .$$

- *Direkte* Abtastung des Magnetflusses mittels *flußempfind-*

lichem Kopf oder *Hallkopf* (Hallsonde)

$$u_W \sim \emptyset.$$

Für audiovisuelle Zwecke werden durchweg Induktionsköpfe verwendet. Wir beschränken uns deshalb auf diesen Fall.

2.6.1. Der ideale Induktionsvorgang bei der Wiedergabe

Passiert ein magnetisiertes Band entsprechend Bild 2.16 den
Spiegel des Wiedergabekopfes, so schließen sich die Streu-
feldlinien zum großen Teil über den Eisenkern und durchsetzen damit die Induktions-
spule. Ist w die Windungszahl der Spule und $\emptyset$ der sie durch-
setzende Bandfluß, so gilt für die *Wiedergabespannung* u_W

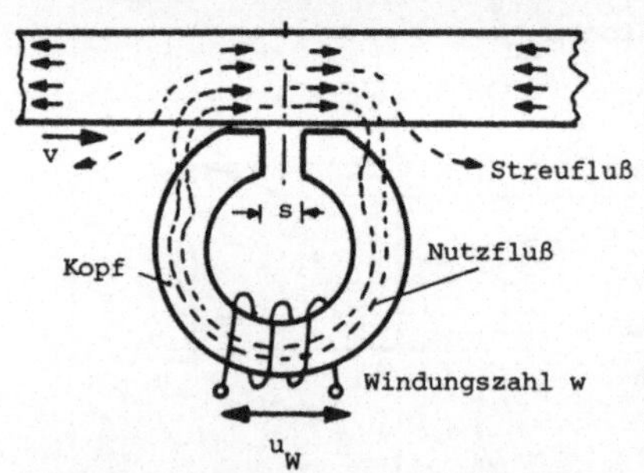

Bild 2.16: Prinzip der Wiedergabe
durch Induktion

$$\boxed{u_W = - w \cdot \frac{d\emptyset}{dt}} \; . \tag{2.10}$$

$\frac{d\emptyset}{dt}$ ist aber - gleiche Bandgeschwindigkeit für Aufnahme und
Wiedergabe vorausgesetzt - gleich der aufgezeichneten *Fre-
quenz* f. Somit können wir für u_W auch schreiben

$$\boxed{u_W = k \cdot f = \frac{k}{2\pi} \cdot \omega} \; . \tag{2.11}$$

In dem Faktor k sei das Übertragungsverhalten des Band-Kopf-
Systems insgesamt vereinfacht zusammengefaßt. Gleichung
(2.11) zeigt eine wichtige Eigenschaft der Wiedergabe nach
dem Induktionsprinzip:

*Die Amplitude der induzierten Wiedergabespannung ist im
Idealfall direkt proportional zur Frequenz der Aufzeichnung.*

Sie verdoppelt sich pro *Oktave* (6 dB-Zuwachs) bzw. *verzehn-
facht* sich pro *Dekade* (20 dB-Zuwachs).

2.6.2. Frequenzgang der Wiedergabe in der Praxis

In der Praxis wird Gleichung (2.11) durch eine ganze Reihe
von Faktoren beeinflußt, die den Frequenzgang der Wiedergabespannung ungünstig verändern. Einige davon haben wir schon
kennengelernt:

- *Kopfspiegelfunktion* bei tiefen Frequenzen
  (s. Abschnitt 2.2.1.2)

- *Spaltfunktion* bei hohen Frequenzen
  (s. Abschnitt 2.2.1.3)

- *Selbstentmagnetisierungseffekte* des Bandes bei hohen
  Frequenzen (s. Abschnitt 1.5.2)

- *Band-Kopf-Abstand* durch Luftpolster, Staubpartikel usw.

- *Wirbelstromverluste* im Eisenkern (s. Abschnitt 2.2.2.1)

- *Banddickenverluste* aufgrund der ungleichmäßigen Durchmagnetisierung (s. Abschnitt 2.5.1).

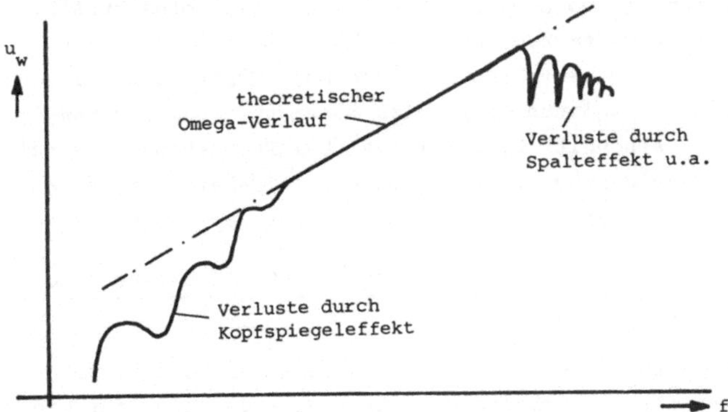

Bild 2.17: Qualitativer Verlauf der Wiedergabespannung im
praktischen Fall

Im übrigen ist eine korrekte Kopfjustage (s.Abschnitt 2.2.1.4)

wichtig. Bild 2.17 zeigt den praktischen Frequenzgang der
Wiedergabespannung am Kopf grob qualitativ. Je nach Anwen-
dung (Audio, Video) müssen unterschiedliche Maßnahmen zur
Frequenzgangkompensation getroffen werden.

3. Analoge Schallsignalaufzeichnung

Nachdem wir im Kapitel 2 die allgemeinen physikalischen Prinzipien der Signalaufzeichnung behandelt haben, die *allen Anwendungen* gleichermaßen zugrundeliegen, wollen wir uns in
diesem Kapitel mit den speziellen Problemen der *Tonsignal-
speicherung* befassen. Wir wollen sehen, welche technischen
Maßnahmen ergriffen werden, um die systembedingten Nachteile
der Magnetbandtechnik zu eliminieren.

Die konventionelle Aufzeichnung von Fernsehton zeigt im Prinzip keine signifikanten Unterschiede zur reinen Audioaufzeichnung. Der interessierende *Tonsignalbereich* umfaßt grob
die Frequenzen von 30 Hz bis 15 kHz, das sind etwa 9 Oktaven.
Die *Dynamik*, also der aussteuerbare Amplitudenbereich, liegt
in der Größenordnung von 50 dB. Die Toninformation wird in
der Regel derzeit noch *analog* und *direkt*, also ohne zusätzliche Modulationsverfahren, aufgezeichnet, obwohl abzusehen
ist, daß digitale Verfahren mehr und mehr Verbreitung finden
werden. Die verwendeten *Kopfspaltbreiten* und *Bandgeschwindigkeiten* (s.a. Abschnitt 2.3.2) liegen bei Fernsehton- und rei-
ner Audioaufzeichnung ebenfalls in vergleichbaren Größenordnungen. Es wird meistens mit *feststehenden Köpfen* gearbeitet.

3.1. Prinzip der Direktaufzeichnung mit Hochfrequenzvorma-
gnetisierung

Die Remanenzkennlinie nach Bild 2.15 zeigt beträchtliche
Nichtlinearitäten, insbesondere für kleine und auch für große
Signalfeldstärken. In Bild 3.1 ist dieser Einfluß auf die
Wiedergabe eines sinusförmigen Signals bei *direkter Aufzeich-
nung ohne Vormagnetisierung* dargestellt. Die Signalfeldstärke
$h_{NF}(t)$ erzeugt auf dem Band die remanente Polarisation

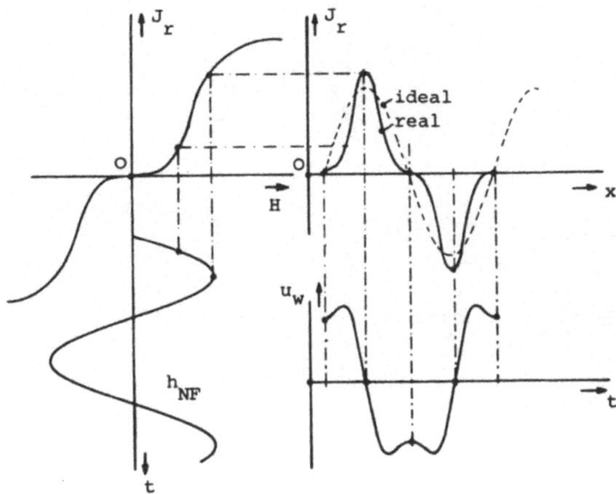

Bild 3.1: Wiedergabeverzerrungen bei Direktaufzeichnung ohne Vormagnetisierung

$J_r(x)$. Hieraus resultiert bei der Abtastung $u_w(t)$ als Differentiation der Funktion $dJ_r/dx \triangleq d\Phi/dt$. Die Wiedergabespannung enthält *starke Oberwellen*, insbesondere die 3. Harmonische.

Überlagert man jedoch dem *Nutzsignal* $h_{NF}(t)$ ein sinusförmiges *Hochfrequenzsignal* $h_{HF}(t)$ konstanter Scheitelamplitude entsprechend Bild 3.2, so findet eine beträchtliche Linearisierung der Aufzeichnung statt. Sie entsteht dadurch, daß das Nutzsignal im Takte der HF abwechselnd auf je einem Vormagnetisierungswert $+ \hat{H}_{HF}$ und $- \hat{H}_{HF}$ gehoben wird, der im linearen Bereich der Remanenzkennlinie liegt. Passiert ein Bandelement das Spaltfeld, so ist es einer Hochfrequenzfeldstärke ausgesetzt, deren Mittelwert genau dem Augenblickswert des Nutzsignals entspricht. Vergleichen wir diesen Prozeß mit dem Löschvorgang nach Abschnitt 2.4, so liegt der Unterschied eigentlich nur darin, daß beim Löschen der HF-Mittelwert Null ist, während er hier h_{NF} entspricht.

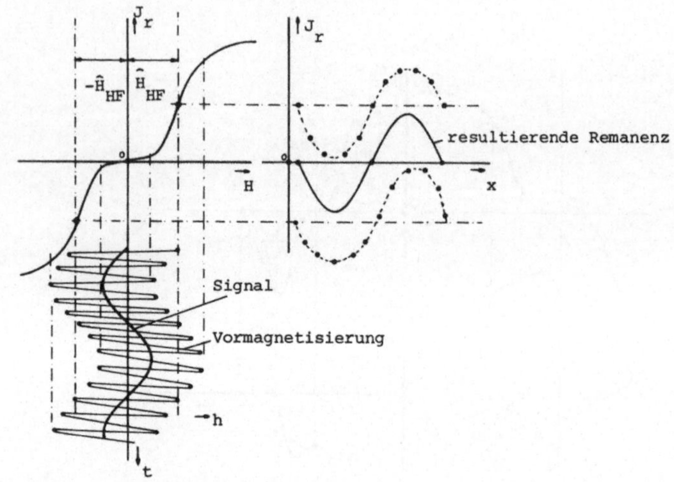

Bild 3.2: Aufzeichnung mittels Hochfrequenz-Vormagnetisierung

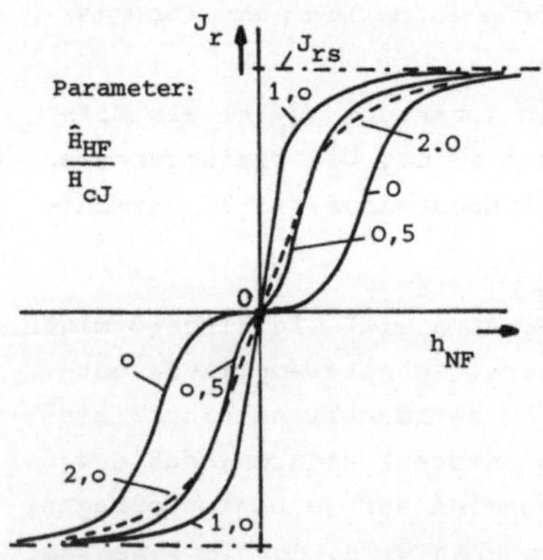

Bild 3.3: Linearisierung der Remanenzkennlinie durch die HF-Vormagnetisierung

Wir können die Aufzeichnung mit HF-Vormagnetisierung also auch als eine *verallgemeinerte Art der Löschung* betrachten, bei der die remanente Polarisation nicht Null ist, sondern sich proportional zum Nutzsignal von Bandelement zu Bandelement ändert. Die *Frequenz der HF* muß so hoch gewählt werden, daß ein Bandelement beim Passieren des Kopfspaltfeldes genügend oft ummagnetisiert wird. Sie ist normalerweise gleich der Löschfrequenz.

Die *Amplitude der HF* bestimmt wesentlich den Linearisierungseffekt. Nach Bild 3.3 ist sie optimal, wenn der Scheitelwert $\hat{H}_{HF}$ etwa gleich der Koerzitivkraft H_{cJ} des Bandmaterials ist.

Sie ist bandspezifisch, für einzelne Bandsorten (Fe_2O_3, CrO_2, Fe) genormt und kann im Servicefall eingestellt werden. Im Mittel beträgt die HF-Amplitude etwa das 10-fache der NF-Signalamplitude.

3.2. Die Empfindlichkeitskurve

Die *Amplitude* der Hochfrequenzvormagnetisierung nach Abschnitt 3.1 bestimmt nicht nur den *Klirrfaktor*, sondern auch die *Empfindlichkeit* der Bandaufzeichnung. Hierunter versteht man die remanente Polarisation J_{rNF} bei vorgegebener Signalfeldstärke H_{NF} und Vormagnetisierungsfeldstärke $\hat{H}_{HF}$. Bild 3.4 zeigt den typischen Verlauf der *Empfindlichkeitskurve*

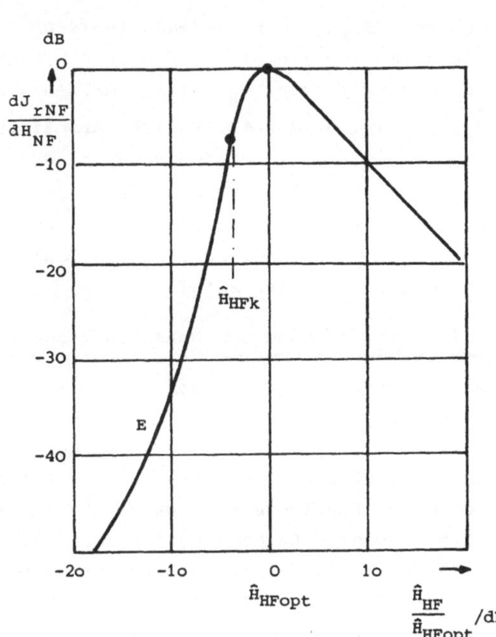

Bild 3.4: Empfindlichkeitskurve

$$E = \frac{dJ_{rNF}}{d\,H_{NF}} = f(\hat{H}_{HF}) \qquad (3.1)$$

in normierter, doppeltlogarithmischer Darstellung.

Wir sehen, daß die Remanenz bei gegebener, konstanter Signal-amplitude H_{NF} mit zunehmender Vormagnetisierung zunächst sehr stark ansteigt, bei der HF-Vormagnetisierung $\hat{H}_{HFopt}$ ein Maximum erreicht und danach geradlinig abfällt.

Der Verlauf von E kann auch konstruiert werden, indem man die *Anfangssteigungen der Remanenzkennlinienschar* aus Bild 3.3 über $\hat{H}_{HF}$ aufträgt.

Der Wert $\hat{H}_{HFopt}$ für *maximale Empfindlichkeit* ist in der Pra-xis normalerweise nicht identisch mit dem Wert $\hat{H}_{HFk}$ für *mini-malen Klirrfaktor*. $\hat{H}_{HFk}$ liegt meistens etwas unterhalb von $\hat{H}_{HFopt}$ (s. Bild 3.4). Übliche Arbeitspunkte für die HF-Vor-magnetisierung findet man etwa 1-2 dB unterhalb des Maximums $\hat{H}_{HFopt}$ in der Nähe von $\hat{H}_{HFk}$. Die Empfindlichkeitskurve hat für verschiedene Nutzsignalfrequenzen unterschiedliche Ver-läufe; sie zeigt bei höheren Frequenzen niedrigere Maxima und einen rascheren Abfall.

3.3. Frequenzgang der Schallaufzeichnung

Bei konstantem Signalstrom i_{NF} im Sprechkopf ist die remanen-te Polarisierung auf dem Band, wie wir im Abschnitt 2.2.1 be-reits erörterten, sehr stark von der Signalfrequenz f bzw. der Wellenlänge λ abhängig. Dieser Effekt wird durch ver-schiedene Einflüsse verursacht. Da ist zunächst einmal die nicht homogene Durchmagnetisierung der Banddicke d_S (s.a. Bild 2.14) und die Selbstentmagnetisierung (s. Abschnitt 1.5.2). Wir bezeichnen dies als *Bandflußdämpfung* D_d. Hierfür gilt näherungsweise

$$D_d = 20 \ \lg \frac{1-\exp(-2\pi d_S/\lambda)}{2\pi \ d_S/\lambda} \ [dB]. \qquad (3.2)$$

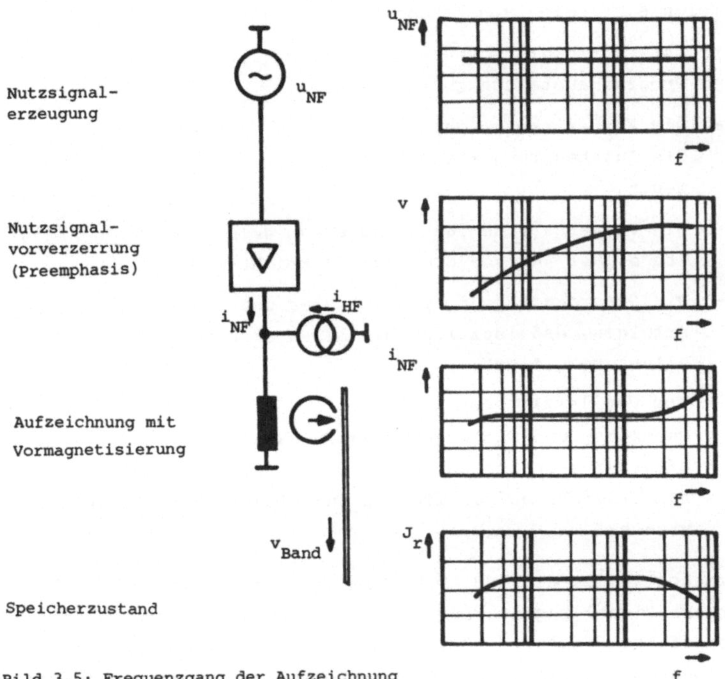

Bild 3.5: Frequenzgang der Aufzeichnung

Außerdem entstehen frequenzabhängige Abstandsverluste wegen
des unvermeidlichen Luftpolsters zwischen Kopf und Band. Ist
y der Kopf-Band-Abstand (s.a. Bild 2.12), so gilt für die
Abstandsverluste D_a

$$D_a = \text{const} \cdot \frac{y}{\lambda} \quad [dB]. \qquad (3.3)$$

Um diese Einflüsse zumindest teilweise zu kompensieren, muß
der *Frequenzgang der Aufzeichnung so vorverzerrt* werden,
daß die remanente Polarisierung des Bandes im interessierenden Frequenzbereich innerhalb vorgegebener Toleranzen bleibt.
In Bild 3.5 ist das schematisch dargestellt.

Für die Festlegung des Amplitudenganges der Aufzeichnung
spielen eine Reihe von Faktoren eine Rolle:

- *Internationale Normung* ist erforderlich, um problemlosen
Programmaustausch zu realisieren.

- Die *Vorverzerrung* darf nur so weit getrieben werden, daß
die Aussteuerung keinen nennenswerten *Klirrfaktor* erzeugt.

- Die Vorverzerrung muß so bemessen sein, daß das günstig-
ste *Signal/Rausch*-Verhältnis erreicht wird.

- Die *Gesamtentzerrung* von *Aufnahme* und *Wiedergabe* muß so
erfolgen, daß letztlich ein linearer Frequenzgang "über
alles" resultiert.

- Aus dem letztgenannten Punkt folgt, daß Aufnahmefre-
quenzgang und Wiedergabefrequenzgang *nicht reziprok zueinander* sein können, weil das *Übertragungsverhalten des
Magnetbandes selbst* lineare und nichtlineare Fehler verursacht.

Normungsgremien wie z.B. DIN (Deutsche Industrie-Norm), IEC
(International Engineering Committee), NAB (National Associa-
tion of Broadcasters, USA), CCIR (Comité Consultatif International des Radio Communications) sind übereingekommen, den
Bandflußfrequenzgang, das heißt den Zusammenhang zwischen re-
manentem Bandfluß und aufgezeichneter Frequenz für *hohe* Frequenzen (oberhalb 1 kHz) mittels einer einfachen linearen
Funktion zu normieren, die sich durch den *Scheinwiderstands-
verlauf* einer *passiven RC-Parallelschaltung* mit der Zeitkonstanten

$$T_p = R_p \cdot C_p \ [\mu s] \tag{3.4}$$

darstellen läßt (DIN 45513/1 bzw. IEC 94).

Je nach Bandgeschwindigkeit variiert T_p zwischen 35 µs
(v = 38 cm/s) und 280 µs (v = 4,75 cm/s). Bei *tiefen* Frequenzen (unterhalb 333 Hz) hat der Bandflußfrequenzgang einen

Verlauf, der der Scheinwiderstandsfunktion einer *passiven RC-Reihenschaltung* mit der Zeitkonstanten

$$T_s = R_s \cdot C_s \quad [\mu s] \qquad (3.5)$$

entspricht. T_s liegt normalerweise bei 3180 µs.

4. Analoge Schallwiedergabe

4.1. Wiedergabeverluste

Im Abschnitt 2.2.1 haben wir bereits die wichtigsten Ursachen für die Frequenzabhängigkeit der Wiedergabespannung untersucht. Wir wollen sie hier für den Fall der Tonsignale noch ein wenig mehr quantifizieren.

Wie bei der Aufnahme existieren auch bei der Wiedergabe *Kopfabstandsverluste*, die sich durch Gleichung (3.3) beschreiben lassen. Hinzu kommt die *Spaltdämpfung* bei hohen Frequenzen, verursacht durch die endliche Breite s des Wiedergabekopfspalts, die sich ausdrücken läßt durch

$$D_s = 20 \lg \frac{\sin(\pi \cdot s/\lambda)}{\pi \cdot s/\lambda} \quad [dB]. \qquad (4.1)$$

Außerdem spielen die Eisen- und Kupferverluste, verursacht durch Wirbelströme und Skineffekt eine Rolle, die bei modernen Werkstoffen jedoch unter 1 dB liegen.

4.2. Frequenzgang der Wiedergabe

Der Frequenzgang der Wiedergabe muß so dimensioniert werden, daß entsprechend Bild 4.1 aus dem genormten remanenten Bandfluß der Aufnahme ein frequenzlineares Nutzsignael entsteht. Deshalb müssen im *Wiedergabeentzerrer* in erster Linie der frequenzlineare Anstieg der Kopfspannung, den man auch als *ω-Gang* bezeichnet (s.a. Gl.(2.11)) , die *Spaltverluste* und die *Eisenverluste* ausgeglichen werden.

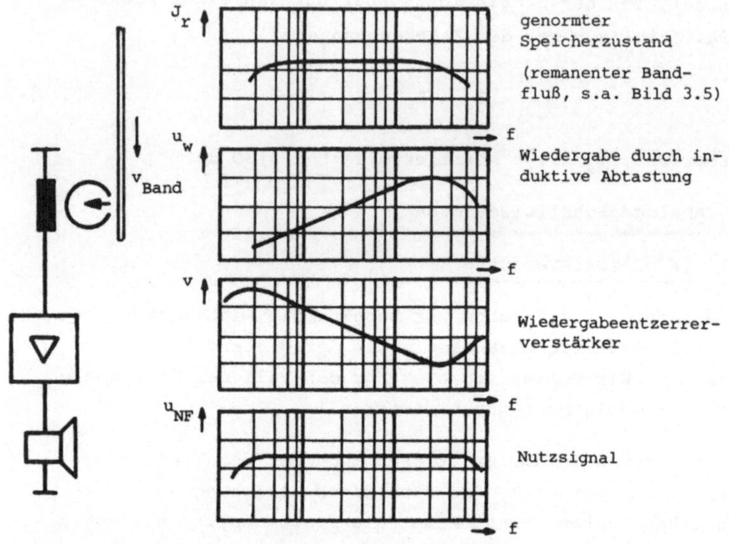

Bild 4.1: Frequenzgangkurven bei der Wiedergabe

5. Magnetband-Aufzeichnung von Fernsehsignalen

Wir wissen aus Kapitel 2 bereits, daß das Prinzip der magnetischen Signalspeicherung für Audio, Video und digitale Daten
gleich ist. In allen Fällen geht es um die Speicherung gegebener elektrischer Signalverläufe auf Magnetband mittels Magnetköpfen, wobei eine Relativbewegung zwischen Band und Kopf
besteht. Wir werden im folgenden sehen, daß die technisch-ap-
parativen Unterschiede zwischen Video- und Audioaufzeichnung
jedoch beträchtlich sind, weil die Fernsehsignalspeicherung
wesentlich höhere Anforderungen stellt.

5.1. Vergleich der Anforderungen zwischen Video- und Audio-
aufzeichnung

5.1.1. Frequenzbandbreite und Frequenzspektrum

Die in den meisten existierenden Fernsehstandards der Welt

festgelegte *Videobandbreite* beträgt

$$0 \leq f_{video} \leq 5 \text{ MHz} . \qquad (5.1)$$

Dem steht gegenüber die *Audiobandbreite*

$$30 \text{ Hz} \leq f_{audio} \leq 15 \text{ kHz} . \qquad (5.2)$$

Während Gleichung (5.2) etwa 9 Oktaven (oder 2,5 Dekaden) umfaßt, sind es bei Gleichung (5.1) mehr als 23 Oktaven (oder über 6 Dekaden). Würde man das *Direktaufzeichnungsverfahren* für Video verwenden, so ergäbe sich beispielsweise bei der Wiedergabe nach Gleichung (2.11) aufgrund des ω-Gangs zwischen den Frequenzen f_1 = 5 MHz und f_2 = 50 Hz ein Amplitudenunterschied von 10^5 oder 100 dB. Dies ist nur ein Gesichtspunkt, der uns zeigt, daß Video-Direktaufzeichnung nicht möglich ist. Wir wählen statt dessen Frequenzmodulation (FM).

5.1.2. Zeitstabilität zwischen Aufnahme und Wiedergabe

Nach Gleichung (2.6) erzeugt bei gegebener konstanter Aufzeichnungsfrequenz eine *Geschwindigkeitsschwankung* Δv eine Wellenlängenschwankung $\Delta\lambda$. Diese Wellenlängenschwankung ergibt bei konstanter Wiedergabegeschwindigkeit eine *Frequenzmodulation* Δf. Ebenso kann eine zusätzliche Geschwindigkeitsschwankung bei der Wiedergabe die Frequenzmodulation weiter beeinflussen.

Für Audioanwendungen ist eine Toleranz der Relativgeschwindigkeit zwischen Kopf und Band von etwa 10^{-3} ausreichend.

Bei Videoanwendungen sind hier wesentlich höhere Anforderungen zu stellen. Das zeigen die folgenden Überlegungen:

- Das Auge erkennt bei monochromen (Schwarzweiß-) Szenen auf dem Bildschirm gerade noch seitliche Unregelmäßigkeiten (Bildbreiteschwankungen oder seitlichen Versatz) in

der Größenordnung von etwa 1 - 2 Bildpunkten. Das entspricht einer Zeit von 50 - 100 ns.

- Die Aufzeichnung von *Farbfernsehsignalen* erfordert noch
  höhere Genauigkeiten. Bei NTSC und PAL ist die Farbinformation in der *Phase* der (4,43 MHz) *Farbträgerfrequenz* enthalten. Um sichtbare Phasenfehler und damit Farbfehler zu
  vermeiden, sind maximale Zeitfehler in der Größenordnung
  von etwa 3 ns erlaubt.

Um diese Anforderungen zu erfüllen, benötigen wir aufwendige
elektromechanische und elektronische Regeleinrichtungen (s.
Abschnitt 5.5 und Kapitel 6).

5.2. Prinzip der wichtigsten Aufzeichnungsgeometrien

5.2.1. Allgemeines

Anhand der Gleichung (2.6) wollen wir uns zunächst einmal einen Überblick über die benötigte Relativgeschwindigkeit zwischen Kopf und Band verschaffen. Legt man als derzeit existierende technologische Grenze für realisierbare *Kopfspalt-*
breiten s = 1 ... 0,4 µm zugrunde, so ergäbe sich bei direkter Videoaufzeichnung von 5 MHz eine *Kopf-Band-Geschwindig-*
keit von v = 10 ... 5 m/s. Da jedoch Direktaufzeichnung aus-
scheidet (s. Abschnitt 5.1.1) und Frequenzmodulation angewendet wird, bei der die höchste Modulationsfrequenz je nach
System 8 ... 13 MHz beträgt, erhalten wir Kopf-Bandgeschwin-
digkeiten in der Größenordnung von 27 ... 13 m/s ($\hat{=}$ 97 ...
47 km/h) bei professionellen und 8 ... 5 m/s bei Heimvideogeräten.

Die hohen Geschwindigkeiten haben naturgemäß einen großen
Bandbedarf zur Folge. Um das Bandvolumen in Grenzen zu halten, gibt es in der Praxis folgende Möglichkeiten:

- Aufzeichnung vieler Spuren *nebeneinander*
- Verminderung der *Spurbreite* (das ist jedoch aus Gründen
  des Störabstandes S/N und wegen der Spurführungsprobleme

nur bis zu Breiten von etwa 50 µm sinnvoll)
- Verminderung der *Banddicke* (auch hier sind technologische
  Grenzen gesetzt)
- Aufzeichnen benachbarter Spuren *ohne Zwischenraum* ("Rasen").
  Hierbei müssen besondere Maßnahmen gegen das *Übersprechen*
  von einer Spur in die andere getroffen werden ("slanted
  azimuth recording", s. Abschnitt 5.2.4.3).

5.2.2. Längsspuraufzeichnung (LVR)

Wie der Name schon sagt, wird bei der *Längsspuraufzeichnung*
(Longitudinal Video Recording, LVR) das Signal longitudinal

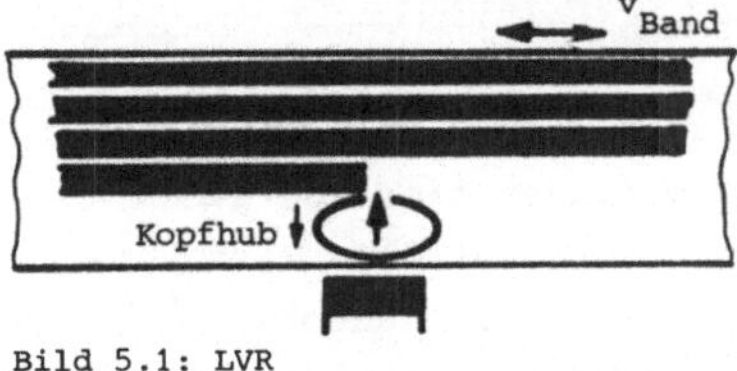

Bild 5.1: LVR

zum Band aufgezeichnet. Der
Magnetkopf steht fest. Dieses Prinzip hat in 2 Varianten praktische Bedeutung
erlangt. In dem einen System
(BASF) wird ein 8 mm breites
Band von etwa 600 m Länge
mit v = 4m/s bewegt. Ist das Bandende erreicht, so wird innerhalb von 100 ms die Laufrichtung umgeschaltet und eine darun-
terliegende Spur in Gegenrichtung geschrieben (s. Bild 5.1).
Bei 72 möglichen Spuren werden insgesamt 180 Minuten Spielzeit erreicht.
In der zweiten Variante (Toshiba) wird ein 0,5" (12,7 mm)-
Band von 100 m Länge in einer Endloskassette mit v = 5,9 m/s
in gleichbleibender Richtung bewegt. Der höhenverstellbare,
aber sonst feste Kopf greift nacheinander auf insgesamt 220
Spuren zu, so daß eine maximale Spieldauer von etwa 60 Minuten entsteht.
Darüber hinaus existieren noch eine Reihe historischer Verfahren von Ampex und BBC.

5.2.3. Querspur- (Quadruplex-)Aufzeichnung

Mit der Einführung der *Querspuraufzeichnung* etwa 1956 wurde
ein Verfahren realisiert, das - obwohl es mittlerweile durch
weniger aufwendige Schrägspursysteme fast abgelöst ist -

höchsten Studioanforderungen gerecht wird. Wie die deutsche
Bezeichnung schon sagt, findet die Aufzeichnung *quer zur
Laufrichtung* des Bandes statt. Die amerikanische Bezeichnung

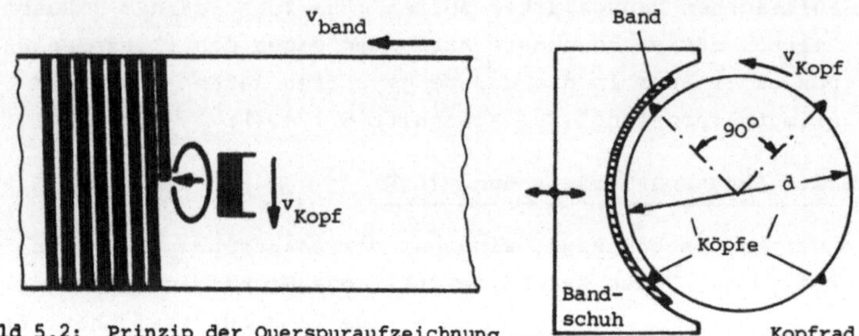

Bild 5.2: Prinzip der Querspuraufzeichnung

"Quadruplex" bringt zusätzlich zum Ausdruck, daß insgesamt
4 Videoköpfe beteiligt sind. Sie befinden sich auf einem
schnell rotierenden Kopfrad. Ein 2" breites Band wird entsprechend Bild 5.2 konkav verformt und durch Unterdruck in
ein Führungssegment (Bandschuh) gezogen, das seinerseits den
Band-Kopfrad-Kontakt herstellt und genau regelt. Der Umschlingungswinkel eines Kopfes ist etwas größer als 90°, so
daß der nachfolgende Kopf oben bereits im Eingriff ist, wenn
der vorangehende die untere Bandkante verläßt. Die Bandtrans-
portgeschwindigkeit v_{Band} beträgt entweder 15"/s = 38 cm/s
oder 7,5"/s = 19 cm/s. Bei einem Kopfraddurchmesser von d =
52,54 mm und einer Drehzahl von n = 250 s^{-1} erhält man die
Tangentialgeschwindigkeit

$$v_{Kopf} = \pi \cdot d \cdot n = 41,3 \text{ m/s} . \qquad (5.3)$$

Da das Quadruplexverfahren ursprünglich nur von Ampex stammt,
ist es das einzige System, das weltweit bezüglich der *geome-
trisch-kinematischen Parameter dieselben Normen* besitzt. Da
pro Fernsehbild (bzw. pro Halbbild) mehr als eine Spur benötigt wird, spricht man von *segmentierter Aufzeichnung* (seg-
mented recording). Die speziellen Eigenschaften des Quadru-
plexverfahrens werden wir später behandeln (s. Abschnitt
10.2).

5.2.4. Schrägspuraufzeichnung (Helical Scan)

Nach der Einführung des apparativ sehr aufwendigen Querspur-
verfahrens wurde der Bedarf für preiswertere Lösungen offen-
sichtlich. Das führte letztlich zum Konzept der *Schrägspuraufzeichnung*, dessen Prinzip im Bild 5.3 dargestellt ist.

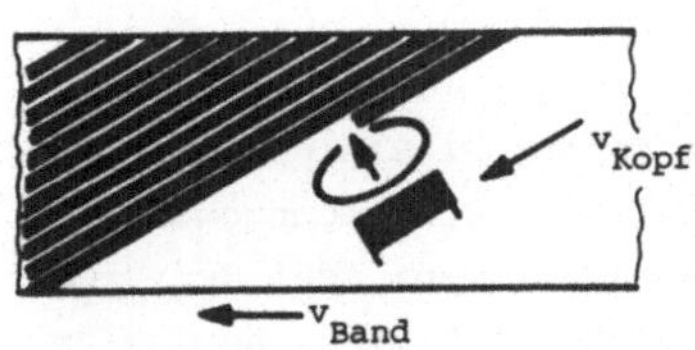

Bild 5.3: Prinzip der
Schrägspuraufzeichnung

Auch hier rotiert, wie bei der
Querspuraufzeichnung, ein Kopfrad mit einem oder mehreren
Köpfen mit hoher Geschwindigkeit, während sich das Band
relativ langsam bewegt. Die
Spuren werden unter einem zum
Teil nur geringen *Neigungswinkel
schräg zur Bandachse* aufgezeichnet, wodurch sich eine hohe Pak-
kungsdichte bei hoher Band-Kopf-Geschwindigkeit ergibt. Der
englische Ausdruck *"Helical Scan"-Verfahren* erklärt sich
daraus, daß das Band die Kopftrommel in einer vollen oder
halben Windung spiralförmig (Helix) umschlingt.

Die Schrägspuraufzeichnung ist heute die am weitesten verbreitete Methode, von der eine große Anzahl verschiedener
Varianten mit etwa 20 Normen im professionellen, semiprofessionellen und Heimvideorecorderbereich existieren. Wir können uns im Rahmen dieses Skriptums nur mit den wichtigsten
Details befassen.

Bei der überwiegenden Anzahl von Systemen ist die *Drehzahl* der
Kopftrommel so bemessen, daß *pro Schrägspur ein Halbbild* aufgezeichnet wird. Wir sprechen hier von *unsegmentierter Aufzeichnung* (non-segmented recording). Sie bietet gegenüber
dem Querspurformat, bei dem für ein Halbbild 20 Spuren (50
Hz-System) benötigt werden, eine Reihe von Vorteilen, wie
wir noch sehen werden.

5.2.4.1. Einkopfaufzeichnung (360°-Aufzeichnung)

Bei der *Einkopfaufzeichnung* existiert nur ein Videokopf auf

der Kopftrommel. Der Umschlingungswinkel beträgt fast 360°.
Zwei Varianten sind zu unterscheiden

- Ω-*Umschlingung* (Ω-wrap)
- α-*Umschlingung* (α-wrap).

Die Bezeichnungen sind sehr sinnfällig, wie Bild 5.4 verdeutlicht.

Bei der Ω-*Umschlingung* erkennt man in der Draufsicht die Ω-
förmige Bandführung. Dabei entsteht ein Umschlingungswinkel,
der etwa 350° beträgt. Die Seitenansicht zeigt, daß der Band-
einlauf und der Auslauf eine Überlappung ü bilden, so daß am
oberen und unteren Rand des Bandes noch Platz für Längsspuren
(Ton, Sync etc.) bleibt. Da keine volle Umschlingung von 360°
gegeben ist, sondern etwa eine Lücke von 10° entsteht, werden
etwa 2,8 % eines Halbbildes - das sind 9 Zeilen - nicht aufgezeichnet. Das ist jedoch unkritisch, wenn sie im (ohnehin
unsichtbaren) Bildrücklauf liegen.

Die α-*Umschlingung* umfaßt die Trommel vollständig; das Band
läuft unter demselben Winkel ein und wieder aus. Aus der Sei-

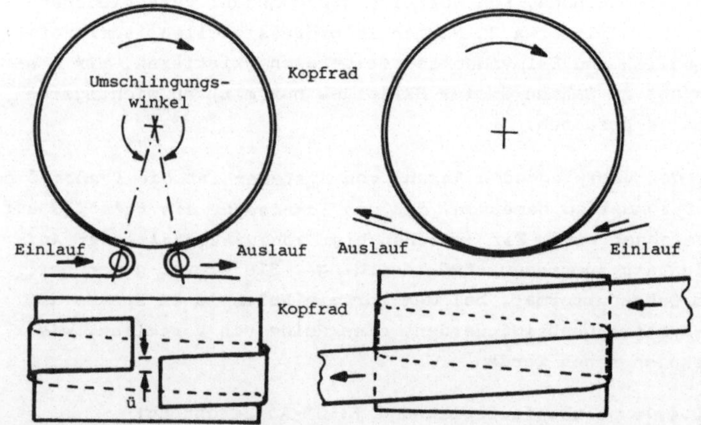

Bild 5.4: Vergleich zwischen Ω- und α-Umschlingung

tenansicht erkennt man, daß ein Überlappen des Bandes nicht
möglich ist. Damit wird die Schrägspur über die volle Breite
geschrieben, und es bleibt kein Platz für Ton und zusätzliche
Informationen. Es gibt mehrere Möglichkeiten, diese Signale
zusätzlich unterzubringen. Entweder wird an den Rändern ein
Teil des Videosignals gelöscht und die Längsaufzeichnung
aufgebracht, oder die Zusatzsignale werden in Form einer
Zweischichtaufzeichnung der Videoinformation überlagert.

5.2.4.2. Zweikopfaufzeichnung

Bei der *Zweikopfaufzeichnung* trägt die Kopftrommel entsprechend Bild 5.5 zwei gegenüberliegende Videoköpfe. Prinzipiell
ist hier Ω-Umschlingung üblich, der Umschlingungswinkel β beträgt etwa 190°. Da pro Halbbild jetzt nur 180° Drehwinkel
erforderlich sind, erzeugt eine Trommelumdrehung 2 Halbbilder
oder ein Vollbild. Die Zweikopfaufzeichnung ist die am weite-

sten verbreitete Technologie,
weil sie den geringsten Aufwand erfordert. Die Köpfe
können sich entweder in die-
selbe Richtung wie das Band
oder entgegengesetzt dazu bewegen. Ist die Schräglage
der Spuren klein (sie liegt
je nach Format zwischen 15°
und 3°), so *addieren* sich
Kopf- und Bandgeschwindigkeit

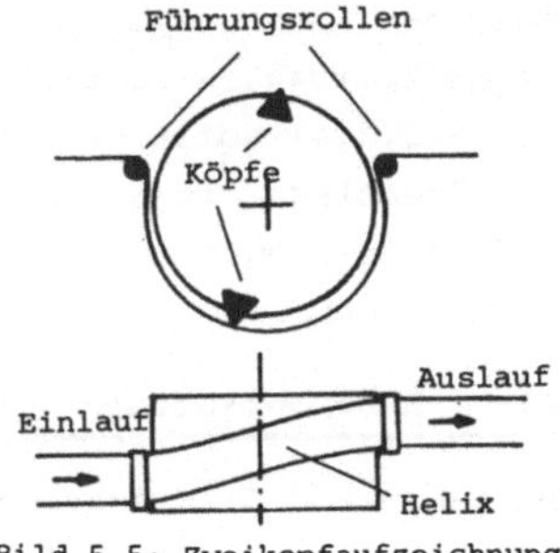

Bild 5.5: Zweikopfaufzeichnung

im Falle der *Gegenläufigkeit*, im anderen Falle wird die resultierende Geschwindigkeit etwa gleich der Differenz aus
Kopf- und Bandgeschwindigkeit.

5.2.4.3. Schrägstellen des Kopfspaltes ("Slanted Azimuth" Recording)

In dem Bestreben, das Magnetband noch wirtschaftlicher aus-
zunutzen, wurde die *zwischen den Spuren liegende ungenutzte
Breite* (oft als "Rasen" bezeichnet) immer mehr verkleinert.

Das stellt erhöhte Anforderungen an die Kopf- und Bandführung,
weil sonst leicht Übersprechen zwischen benachbarten Spuren
auftritt.

Sind mindestens 2 Köpfe an der Aufzeichnung beteiligt, so
läßt sich mit Hilfe der "slanted azimuth"-Technik der Rasen
ganz vermeiden, so daß die Spuren dicht an dicht liegen. Bild
5.6 erläutert das Prinzip. Die Kopfspalte benachbarter Spuren stehen *nicht senkrecht* zur Spur, sondern sind um je einen Winkel +β und -β zum Lot *geneigt*. Damit haben die Aufzeichnungen einen gegenseitigen

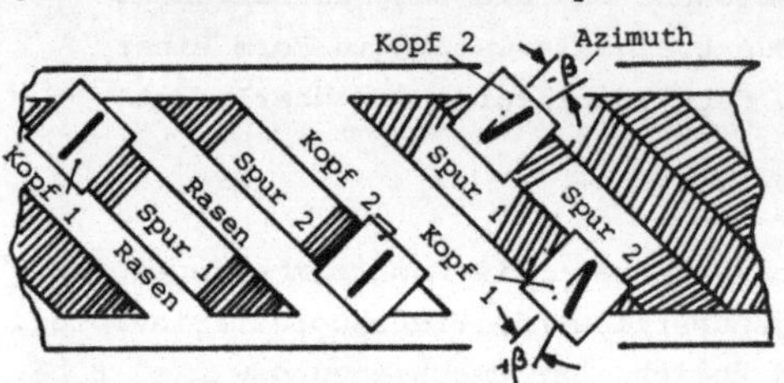

Bild 5.6: Prinzip der
slanted azimuth Technik (links ohne,
rechts mit Schrägstellung)

Neigungswinkel von 2β. Erfaßt ein Kopf bei der Wiedergabe einen Teil der Nachbarspur, so liefert diese keinen nennenswerten Signalbeitrag, weil eine starke Fehljustage (s.a. Abschnitt 2.2.1.4) vorliegt. Für die eigene Spur ist die Spaltneigung identisch mit der der Aufzeichnung. Damit ist zumindest für hohe Frequenzen eine zufriedenstellende Übersprechdämpfung erreicht.

5.2.4.4. Mehrkopfaufzeichnung

Ordnet man *mehr als 2 Köpfe* auf der Trommel an, so lassen
sich zusätzliche Möglichkeiten erschließen, wie zum Beispiel
Überbrückung der Aufzeichnungslücke oder Hinterbandkontrolle
der Aufzeichnung. Bei professionellen Standards realisiert
man damit auch *Parallelspuraufzeichnung* (s. Abschnitte 5.3.6
bis 5.3.8).

5.2.5. Sonderverfahren für Spezialanwendungen

Für die Aufzeichnung kurzer Ereignisse, die nur begrenzte
Zeit gespeichert bleiben sollen, sind weitere Verfahren im
Gebrauch, deren Prinzipien wir aus anderen Anwendungsberei-

chen auch kennen:

- Plattenspeicher   } kreisförmige Spuren
- Trommelspeicher   } (wie in der Datentechnik)

- Magnetplatte mit Spiralaufzeichnung.

Sie finden beispielsweise Verwendung für Zeitlupen-, Zeit-
raffer- oder Einzelbilddarstellung sowie für Szenenwiederho-
lungen und erlauben einen raschen Zugriff auf die Information.

5.3. Fernsehsignalaufzeichnung mit Frequenzmodulation (FM)

5.3.1. Einführung

Im Abschnitt 5.1 haben wir bereits einige grundsätzliche
Überlegungen dazu angestellt, warum das in der Audiotechnik
übliche Direktaufzeichnungsverfahren mit HF-Vormagnetisierung für Videozwecke unbrauchbar ist. Hier bietet stattdessen *Frequenzmodulation (FM) des geträgerten Videosignals* einen günstigen Kompromiß zwischen Aufwand und Qualität. Das
CCIR-Videosignal umfaßt den Frequenzbereich von O bis 5 MHz,
also mehr als 23 Oktaven. Transponiert man dieses Frequenz-
band mittels FM beispielsweise in den Bereich von 1,5 bis
14 MHz, so liegt das Modulationsprodukt zwar absolut höher,
umfaßt aber nur noch etwa 3 Oktaven. Das ist z.B. sehr viel
günstiger im Hinblick auf den ω-Gang der Wiedergabe. Hinzu
kommen die *prinzipiellen Vorteile* der FM:

- Tiefe Frequenzen und Gleichspannungen lassen sich sehr
  einfach darstellen, da jeder *Spannungswert einer Frequenz
  zugeordnet* ist.

- Die *Amplitude der FM* enthält keine Information, also läßt
  sich das Magnetband immer bis in die Sättigung aussteuern.
  Alle Linearitäts- und Vormagnetisierungsprobleme entfallen
  weitgehend.

- *Amplitudenschwankungen* der Wiedergabespannung lassen sich
  durch *Begrenzung* eliminieren und bleiben deswegen weitge-

hend unwirksam.

Dem steht als *Nachteil* vor allem die *größere* benötigte *Über-tragungsbandbreite* gegenüber.

5.3.2. Grundlagen der FM

Das Prinzip der *Frequenzmodulation* ist dargestellt in Bild 5.7.

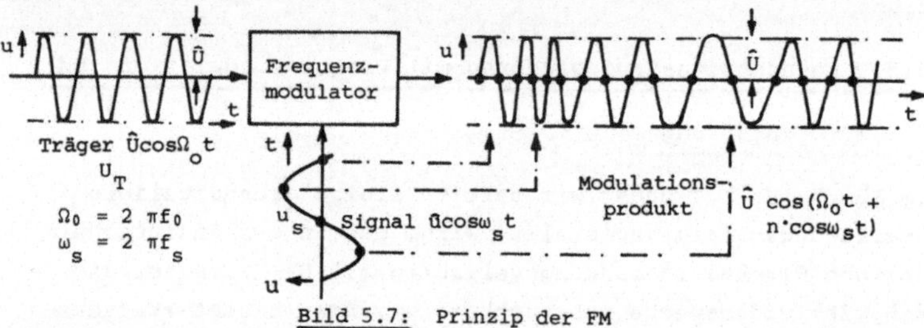

<u>Bild 5.7:</u> Prinzip der FM

Der *Träger* $U_T = \hat{U}\,\sin(2\pi f_o t)$ werde mit dem sinusförmigen *Modulationssignal* $u_s = \hat{u}\,\sin(2\pi f_s t)$ frequenzmoduliert, indem jedem Spannungswert u_s eine Frequenz f zugeordnet wird. Dabei bleibt der Scheitelwert $\hat{U}$ des modulierten Signals konstant; f_s ist die Frequenz des Modulationssignals. Bild 5.8 zeigt die zugehörige *Modulationskennlinie*. Sie hat den Verlauf

$$f(t) = k \cdot u_s(t) = \frac{f_o}{U_o} \cdot u_s(t) \qquad (5.4)$$

mit dem Proportionalitätsfaktor $[k] = \dfrac{\text{MHz}}{\text{V}}$

und der Arbeitspunkteinstellung $U_o \mathrel{\widehat{=}} f_o$.

Im Amplitudenbereich $\pm\hat{u}$ der Signalspannung nimmt die modulierte Frequenz die Werte

und

$$f_{max} = f_o + f_H \qquad (5.5)$$
$$f_{min} = f_o - f_H$$

an. Wir bezeichnen $f_H = 0,5 \ (f_{max} - f_{min})$ als *Frequenzhub*. Der *Augenblickswert* der *Frequenz* läßt sich schreiben

$$f(t) = f_O + f_H \sin (2\pi f_s t) . \qquad (5.6)$$

Ferner gilt

$$f_H = \frac{\hat{u}}{U_O} \cdot f_O . \qquad (5.7)$$

Eine wichtige Größe ist außerdem der *Modulationsindex* n, weil er die erforderliche Übertragungsbandbreite beeinflußt. Er ist definiert als

$$\boxed{n = \frac{f_H}{f_s}} . \qquad (5.8)$$

Die *Ausgangsspannung* des Frequenzmodulators nach Bild 5.7 erhält man zu

oder

$$\boxed{\begin{array}{l} u = \hat{U} \sin \left[2\pi f_O t + n \cdot \sin (2\pi f_s t) \right] \\[2mm] u = \hat{U} \sin (\Omega_O t + n \cdot \sin \omega_s t) \end{array}} . \qquad (5.9)$$

Die *erforderliche Übertragungsbandbreite* der FM beschränkt sich nicht auf den eigentlichen Hubbereich, denn die FM hat theoretisch *unendlich viele Seitenbänder*. Davon müssen die-

jenigen berücksichtigt werden, deren Amplituden-beitrag innerhalb vorge-gebener Fehlergrenzen nicht vernachlässigbar ist. Die ausführliche Behand-lung dieser Thematik ist im Rahmen unserer Betrach-tungen nicht möglich, aber wir wollen die wesent-lichen Grundlagen darstel-len. Gleichung (5.9) läßt sich umformen zu

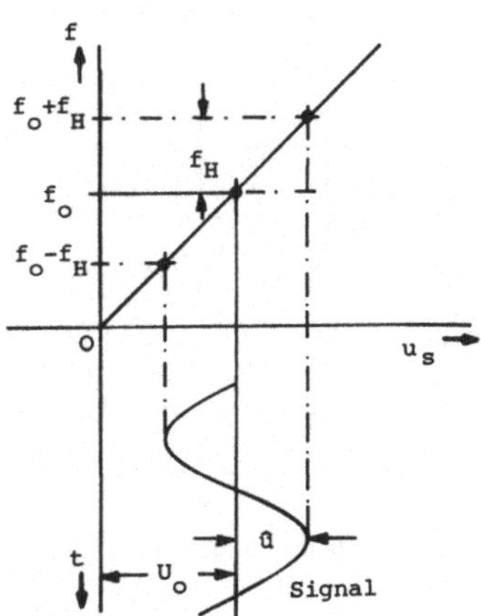

Bild 5.8: Modulationskennlinie

$$u = \hat{U} \cdot \left[\sin \Omega_o t \cos (n \cdot \sin \omega_s t) + \cos \Omega_o t \sin (n \sin \omega_s t) \right].$$
(5.10)

Führt man die *Bessel-Funktionen* $J_o(n) \ldots J_m(n)$ ein, so wird
aus (5.10)

$$\frac{u}{\hat{U}} = J_o(n) \cdot \sin \Omega_o t$$

$$+ J_1(n) \cdot \left[\sin (\Omega_o + \omega_s)t - \sin (\Omega_o - \omega_s)t \right]$$

$$+ J_2(n) \cdot \left[\sin (\Omega_o + 2\omega_s)t + \sin (\Omega_o - 2\omega_s)t \right]$$

$$+ J_3(n) \cdot \left[\sin (\Omega_o + 3\omega_s)t - \sin (\Omega_o - 3\omega_s)t \right]$$

$$\vdots$$

$$+ J_m(n) \cdot \left[\sin (\Omega_o + m\omega_s)t \overset{+}{_-} \sin (\Omega_o - m\omega_s)t \right] \quad (5.11)$$

$$\vdots$$

**Bild 5.9 zeigt den normierten Verlauf der Besselfunktionen
$J_o \ldots J_3$ in Abhängigkeit vom Modulationsindex n. Je größer
n, desto mehr Seitenbänder müssen berücksichtigt werden. Dagegen ist die Modulations-
frequenz ω_s für die Bandbreite von geringerer Be-
deutung.**

*Beispiel aus dem UKW-Rund-
funk:*

$$f_{NFmax} = 15 \text{ kHz}$$

$$f_H = 75 \text{ kHz},$$

**also n = 5, und die Über-
tragungsbandbreite ist auf
etwa b = ± 110 kHz festgelegt.**

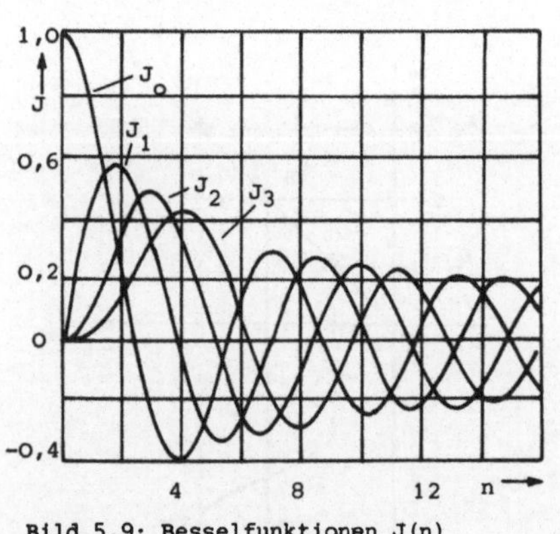

Bild 5.9: Besselfunktionen J(n)

**Wir wollen uns das Zustan-
dekommen der höheren FM-
Seitenbandfrequenzen ab-
schließend noch anschaulich verdeutlichen. Hierzu diene das
Zeigerbild der FM in Bild 5.10.**

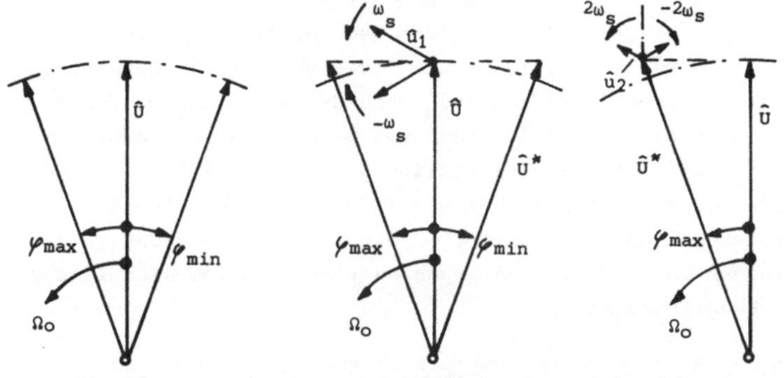

a) ideale FM   b) FM mit 1. Seiten-   c) FM mit 1. und 2.
                           band   Seitenband

Bild 5.10: Zeigerbilddarstellung der FM (Erläuterung im Text)

Bild 5.10a zeigt die *ideale FM*. Ein Zeiger der konstanten
Länge $\hat{U}$ rotiert mit der Kreisfrequenz Ω_o. Er wird im Takte
der Modulationsfrequenz um den Winkel φ abwechselnd beschleunigt oder verzögert. Dem entspricht eine Frequenzzu- oder Ab-
nahme. Bei sinusförmigem Modulationssignal pendelt $\hat{U}$ zwischen
den Extremlagen $+\varphi_{max}$ und $-\varphi_{max}$. Dabei gilt für φ_{max} im Bogenmaß

$$\varphi_{max} = \frac{\omega_H}{\omega_s} = \frac{f_H}{f_s} = n \ . \tag{5.12}$$

Das *Pendeln* des Zeigers kann man entsprechend Bild 5.10b dadurch *annähern*, daß man an der Spitze von $\hat{U}$ ein Zeigerpaar $\hat{u}_1$
ansetzt, von dem ein Zeiger mit ω_s und der andere mit $-\omega_s$
umläuft. Beide rotieren bezüglich $\hat{U}$ so, daß ihre Resultierende immer senkrecht auf $\hat{U}$ steht.

Wie wir leicht sehen, entsteht dabei ein Fehler, denn die Resultierende $\hat{U}^*$ ist länger als $\hat{U}$, es tritt also eine *unerwünschte Amplitudenmodulation* (AM) auf. Ordnet man nun zusätzlich ein weiteres Zeigerpaar $\hat{u}_2$ an, das auf der Spitze

der Resultierenden $\hat{U}^*$ sitzt und mit $+ 2\,\omega_s$ und $- 2\,\omega_s$ gegenläufig rotiert, (Bild 5.10c), so reduziert dessen Beitrag
bereits einen Teil der AM. Die Addition weiterer Harmonischer
i mit den Frequenzen $\pm\,i \cdot \omega_s$ nach demselben Schema führt
letztlich zu dem Idealzustand von Bild 5.10a. Die Amplituden
$\hat{u}_i$ sind durch die Besselfunktion J_i gegeben (Bild 5.9). Solange der *Modulationsindex* $n \leq 1$ ist, befindet sich der
Hauptanteil der Signalenergie im *ersten Seitenbandpaar*. Wir
sprechen in dem Fall von *Schmalband-FM*. Sie ist wichtig für
die Magnetband-FM.

5.3.3. Allgemeine Systembetrachtungen zur Magnetband-FM

Nachdem wir uns mit den allgemeinen Grundlagen der FM vertraut gemacht haben, wollen wir nun die speziellen Probleme
bei der Fernsehsignal-FM-Aufzeichnung behandeln. Folgende
Randbedingungen sind wichtig:

- Der *Videofrequenzbereich* (das Basisband) erstreckt sich
  von O - 5 MHz.

- Der bei Magnetbandaufzeichnung *ausnutzbare Bereich* ist
  durch die Magnetpartikelchen und die Kopfspaltbreite begrenzt und hat als höchste Frequenz etwa 15 MHz.

- Die *Modulations-* und *Demodulationscharakteristik* muß,
  insbesondere bei Farbaufzeichnung, extrem phasenlinear
  sein.

- Der eigentliche *FM-Hubbereich* sollte nicht im Video-Basisband liegen, damit eine einfache Selektion des zwi-
  schenfrequenten (frequenzmodulierten) FM-Signals vom Videosignal möglich ist.

- Der *Modulationsindex* n sollte so gewählt werden, daß nur
  ein Seitenbandpaar berücksichtigt werden muß (Schmalband-
  FM).

- Besondere Sorgfalt ist wegen der großen Bandbreite der
  Rausch- und Störminimierung zu widmen.

- Bei *Farbfernsehaufzeichnungen* sind zusätzliche Probleme (z.B. hinsichtlich der Entkopplung von Chrominanz- und Luminanzinformation) zu beachten.

5.3.3.1. Modulationskennlinie und Seitenbänder

Während wir bei der FM nach Bild 5.1 eine Mittenfrequenz f_o definieren konnten, ist dies bezüglich des unsymmetrischen nichtsinusförmigen (F)BAS-Signals schwierig. Hier ist es üb-

lich, entsprechend Bild 5.11 die typischen Frequenzen f_{sync} für den *Synchronpegel*, f_{sw} für den *Schwarzpegel* und f_{ws} für den *Weißpegel* festzulegen.

Dabei liegt f_{sync} am niederfrequenten Ende des Hubbereichs, weil hier die frequenzabhängigen Verfälschungen am geringsten sind und dem Synchronsignal die

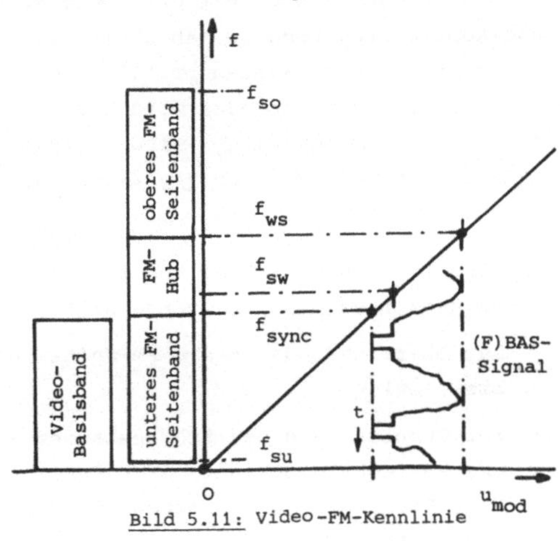

Bild 5.11: Video-FM-Kennlinie

größte Bedeutung zukommt. Die Werte für f_{sync} und f_{ws} bestimmen den *Hubbereich*.

<u>Wahl von f_{sync}</u>: Üblicherweise liegt f_{sync} an der *oberen Basisbandgrenze* des Videosignals. Der Wert richtet sich danach, ob es sich um professionelle, semiprofessionelle oder Heimrecorderanlagen handelt. Im ersten Falle wird die volle Videobandbreite von $\geq$ 5 MHz, im zweiten Falle eine begrenzte Bandbreite von 3,5 ... 4 MHz und im dritten Falle eine stark begrenzte Bandbreite von etwa 3 ... 3,2 MHz aufgezeichnet.

<u>Unteres FM-Seitenband</u>: Das *untere FM-Seitenband* erstreckt

sich über den Bereich von f_{su} bis f_{sync}. Dabei ist f_{su} gegeben
durch das System Band-Kopfspiegel (s.a. Abschnitt 2.2.1.2)
mit etwa 0,2 bis 1 MHz. Die *niedrigste Seitenbandfrequenz*
wird erzeugt, wenn *feine Bilddetails* (hohe Videofrequenz)
in der Nähe des Schwarzpegels mit großem Modulationsindex n
aufgezeichnet werden (Gleichung 5.8).

Oberes FM-Seitenband: Das *obere Seitenband* wird in seiner
höchsten Frequenz begrenzt durch die maximale Auflösung des
Band-Kopfspaltsystems (s. Abschnitt 2.2.1.3). Sie liegt in
der Praxis je nach System bei 19 ... 8 MHz. Die untere Grenze des oberen Seitenbandes wird durch f_{ws} bestimmt. Die
höchste Seitenbandfrequenz f_{so} wird erzeugt, wenn *feine Bilddetails in der Nähe des Weißpegels* mit großem n aufgezeichnet
werden.

Wahl von f_{ws}: Für die Wahl von f_{ws} und damit der höchsten
Hubfrequenz müssen wir folgende Kriterien beachten:

- Das obere und das untere FM-Seitenband sollen gleich
  breit sein.

- Zur Verbesserung des Störabstandes wird, wie aus der
  UKW-FM-Technik bekannt, eine *Preemphasis* (Anhebung) für
  hohe Frequenzen entsprechend Bild 5.12 vorgenommen (s.a.
  Abschnitt 5.3.3.6).

Unter Berücksichtigung dieser Faktoren ergeben sich für die
verschiedenen Klassen von Geräten typische Modulationsfre-
quenzen, die in Tabelle 5.1 zusammengestellt sind. Die Begriffe LOW BAND usw. werden wir im Abschnitt 5.3.4 noch behandeln.

System	f_{sync} MHz	f_{sw} MHz	f_{ws} MHz	f_H MHz
Quadruplex LOW BAND	4,95	5,5	6,8	1,85
HIGH BAND	7,16	7,8	9,3	2,14
SUPER HIGH BAND	9,0	9,9	12,0	3,0
1"-Geräte	3,5	4,2	5,5	2,0
1/2"-Geräte	3,0	3,3	4,2	1,2

Tabelle 5.1: Typische Hubbereiche

5.3.3.2. Modulationsindex und Frequenzhub

Hohe FM-Seitenbandanteile treten
offenbar auf, wenn das Videosignal
einen mittleren Graupegel 50 % und
die höchstmögliche Detailauflösung
(Schwarz-Weiß-Wechsel mit 5 MHz)
enthält. Dieser Fall ist zwar in
der Praxis für Monochrom-Aufzeich-
nung selten, aber beim Farbfernse-
hen wird die Color-Information mit
4,4 MHz Trägerfrequenz übertragen
(s.a. Teubner Studienskript No 77,
TSS 77, "Farbfernsehtechnik"). Wir
gehen im Abschnitt 5.3.3.5 noch
darauf ein.

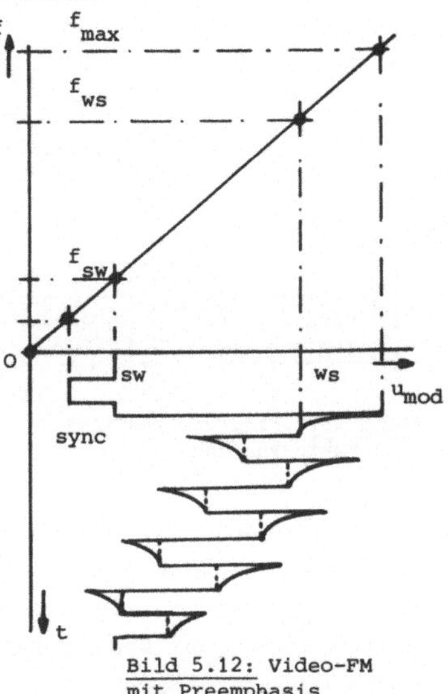

Bild 5.12: Video-FM
mit Preemphasis

Nehmen wir den ungünstigsten Fall
$f_{video\ max}$ (5... 3 MHz), so können
wir mit Hilfe des Videofrequenz-
hubs $f_{Hvideo} = f_{ws} - f_{sw}$ den *Modulationsindex ohne Preemphasis* berechnen

$$n' = \frac{f_{ws} - f_{sw}}{f_{video}} . \qquad (5.13)$$

Er liegt in der Größenordnung von $n' \approx 0,3 ... 0,7$. (Die genannten Zahlen geben die möglichen Werte für das Spektrum von
professioneller bis Amateuranwendung wieder).

5.3.3.3. Der Einfluß von linearen Verzerrungen

Im Bild 5.13 ist der typische *Kopf-Übertragungs-Frequenzgang*
in Relation zum *FM-ZF-Übertragungsbereich* dargestellt. Bei
tiefen Frequenzen ergibt sich in erster Näherung der ω-Gang
(s. a. Abschnitt 4.2). Das Maximum ist gekennzeichnet durch
die unvermeidlichen Videokopfresonanzen, und nach hohen Frequenzen hin kommen Spalt- und Abstandsdämpfung zum Tragen
(s.a. Abschnitt 3.3). Dadurch werden *lineare* (also frequenzabhängige) *Amplituden- und Phasenfehler* verursacht. Ihren

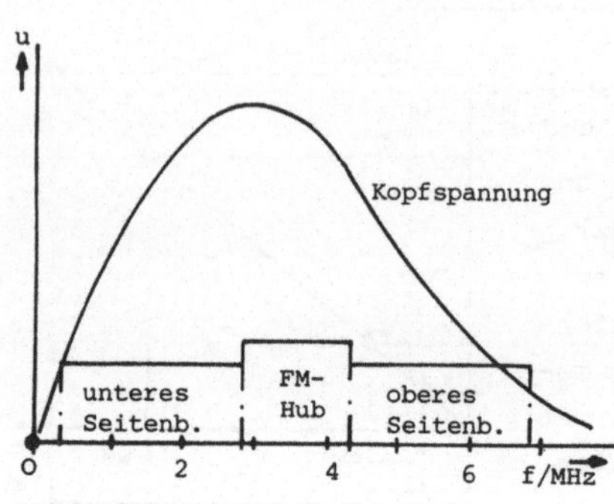

Bild 5.13: Kopfempfindlichkeit und FM-ZF-Bereich

Einfluß auf das ZF-FM-System zeigen die Bilder 5.14a-d. Unterschiedliche Seitenband*amplituden* nach Bild 5.14c bewirken im Zeigerdiagramm (Bild 5.14a) die Bewegung der Zeigerspitze der Resultierenden auf einer Ellipse, statt - wie im Idealfall nach Bild 5.10 - auf einem Kreisbogen. Das bedeutet zusätzliche *Amplitudenmodulation*, die man durch ZF-Amplitudenbegrenzung (Bild 5.14d) jedoch weitgehend eliminieren kann. Allerdings wird außerdem der maximale Hub φ_{max} und damit der *Modulationsindex n verkleinert*. Nach Gleichung (5.8) wirkt sich das bei der Demodulation besonders auf hohe Frequenzen und Farbe (s. Abschnitt 5.3.3.5) aus.

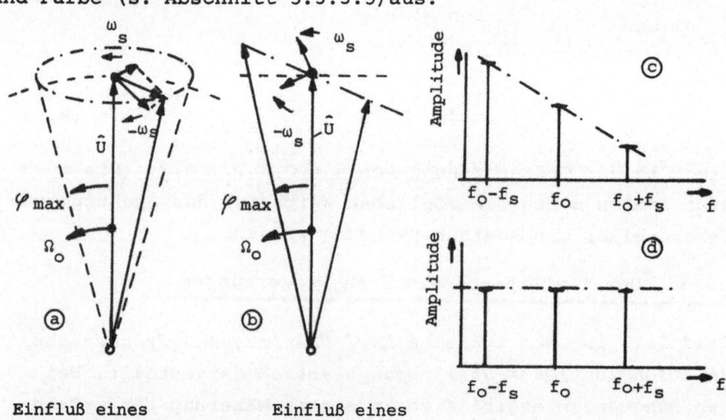

Bild 5.14: Einfluß linearer Verzerrungen

Kritisch ist hingegen ein linearer ZF-*Phasenfehler*. Bild

5.14b zeigt, daß hier der resultierende Zeiger sich mit seiner
Spitze auf einer Geraden bewegt, die nicht mehr senkrecht auf
dem Träger steht. Das bedeutet, *Verkleinerung* von φ_{max}, also
des *Modulationsindex* n und zusätzlich eine *zeitliche Ver-
schiebung* des Vektors gegenüber dem ungestörten Fall, die man
nicht durch Begrenzung rückgängig machen kann. Deshalb bleiben
nach der Demodulation ein Amplituden- und ein Phasenfehler
der Videoinformation übrig. Besonders der Phasenfehler ist
für Farbübertragung sehr kritisch.

5.3.3.4.   Differentieller Amplituden- und Phasengang

Unterschiedliche Amplituden des Videosignals führen zu unterschiedlichen Momentanfrequenzen im ZF-Bereich. Stellen wir
uns also beispielsweise vor, das Videosignal enthalte entsprechend Bild 5.15 eine *Grautreppe* mit gleich großen

Stufen Δu, so entstehen daraus im Idealfall äquidistante
Momentanfrequenzen im Abstand
Δf im ZF-Bereich. Aufgrund
von *linearen Verzerrungen des
ZF-Kanals* sind aber nach der
Demodulation Amplituden- und
Phasenfehler zu erwarten, die
man als *differentielle Verzerrungen* bezeichnet. Sie
sind besonders durch ZF-Fre-
quenzanteile aus dem oberen

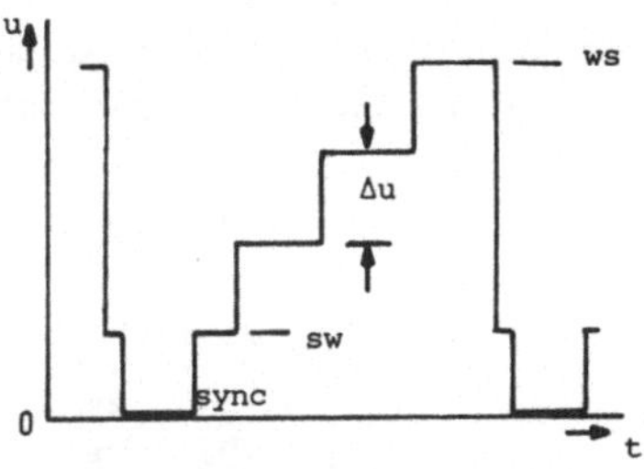

Bild 5.15: Grautreppe, Erläuterung
im Text

Seitenband verursacht. Hier müssen besondere *Gruppenlauf-
zeitentzerrungen* vorgenommen werden. Auf Einzelheiten können
wir leider im Rahmen dieses Skriptums nicht eingehen.

5.3.3.5.   Einfluß von nichtlinearen Verzerrungen

Generell erzeugt eine *gekrümmte*, also nichtlineare *Amplituden*charakteristik bei der Übertragung eines Signals mit gegebener Frequenz f_s *Harmonische* mit den Frequenzen $2f_s$, $3f_s$,

$4f_s$ .... Die spektrale Zusammensetzung der Harmonischen richtet sich nach der Art der Nichtlinearität. Für Video-FM-Übertragung ist besonders der *kubische* Anteil kritisch, da auch der Aufzeichnungsprozeß selbst (Remanenzkennlinie Bild 2.15) durch diese Art der Nichtlinearität geprägt ist. Typisch hierfür ist das Auftreten der *dritten Harmonischen*. Nehmen wir einmal an, die Trägerfrequenz f_o sei 6 MHz, so entsteht als 3. Harmonische $3f_o$ = 18 MHz. Unterliegt f_o einer Modulation mit f_s, so entsteht das Seitenbandpaar $(f_o + f_s)$ und $(f_o - f_s)$ als Nutzsignal, aber außerdem $(3f_o + f_s)$ und $(3f_o - f_s)$ als unerwünschtes FM-Seitenbandpaar. Das Seitenband $(3f_o + f_s)$ liegt außerhalb des ZF-Bereichs, aber $(3f_o - f_s)$ kann, wie wir in Abschnitt 5.3.3.7 sehen werden, durchaus sehr störend sein, insbesondere bei Farbaufzeichnung.
Es wirkt als eigenständiges FM-Signal, das auf dem Bildschirm ein *Moiré*, also ein Störmuster erzeugt. Dabei wirkt sich zusätzlich ungünstig aus, daß der Modulationsindex und damit der Energieanteil im interessierenden Seitenband mit der Harmonischen wächst. Eine einfache Rechnung zeigt das:
Für die Grundwelle (1. Harmonische) gilt

$$n_1 = \frac{f_H}{f_s} \qquad\qquad (5.8)$$

und für die 3. Harmonische bei gleichem f_s

$$n_3 = \frac{3f_H}{f_s} = 3n_1 . \qquad\qquad (5.14)$$

Außer der Trägerfrequenz f_o kann auch die *Modulationsfrequenz Oberwellen* aufweisen. Deshalb sind folgende Seitenbänder möglich, die in das ZF-Übertragungsband fallen: $(f_o - 2f_s)$; $(3f_o - 4f_s)$.

Rein rechnerisch können *negative Seitenband-Frequenzen* auftreten. Technisch ist das natürlich nicht möglich. Stattdessen entsteht bei der Demodulation eine "Rückfaltung" der negativen Frequenz in den positiven Bereich entsprechend Bild 5.16. Ein Beispiel möge das verdeutlichen. Gegeben sei eine

Farbinformation mit f_s = 4,4 MHz in der Nähe des Schwarzpegels mit der Augenblicksfrequenz $f_0 \hat{=} f_{sw}$ = 5,5 MHz (s. Tabelle 5.1).

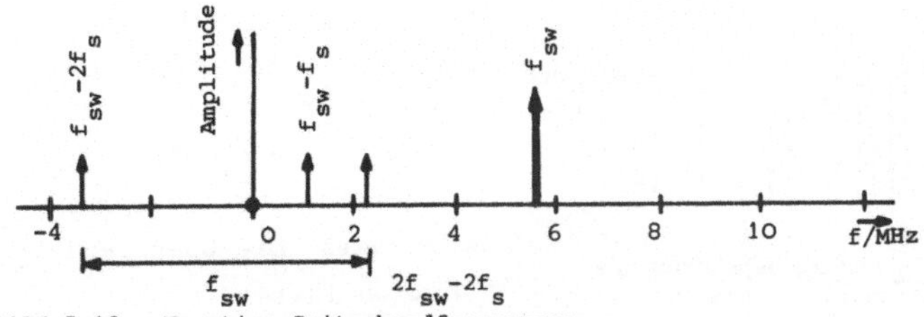

Bild 5.16: Negative Seitenbandfrequenzen

Dann hat die *Nutzfrequenz* im unteren Seitenband den Wert

$$f_{sw} - f_s = 1,1 \text{ MHz} \ .$$

Außerdem entsteht

$$f_{sw} - 2f_s = -3,3 \text{ MHz} \ .$$

Daraus wird bei der Demodulation

$$(f_{sw} - 2f_s) + f_{sw} = 2,2 \text{ MHz} \ .$$

Diese Frequenz liegt mitten im ZF-Übertragungsband und kann, wenn sie genügend Energie besitzt, ein Moiré erzeugen.

5.3.3.6. Verminderung von Rauscheinflüssen, Preemphasis

Die *spektrale Energieverteilung* im Schwarzweiß-Videosignal (Luminanzsignal) ist nicht konstant, sondern hat etwa den Verlauf nach Bild 5.17. Hohe Frequenzanteile sind demnach schwächer vertreten als tiefe. Das bedeutet, daß die Störbeeinflussung feiner Bilddetails durch Rauschen besonders ausgeprägt ist und daß Gegenmaßnahmen in Form einer *Preemphasis* getroffen werden müssen. Diese Technik haben wir bei der Audioaufzeichnung (Abschnitt 3.3) schon kennengelernt; sie ist auch in der UKW-FM-Rundfunkübertragung üblich.

Um einfache, reproduzierbare Verhältnisse zu erhalten, wird der *Amplituden- und Phasengang* der Preeemphasis durch *passive*

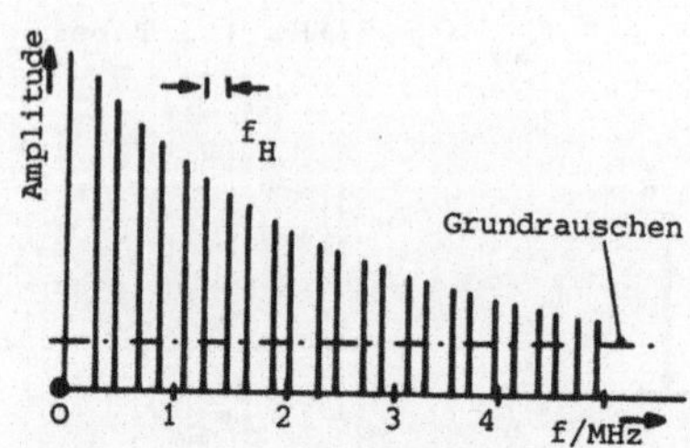

Bild 5.17: Energiespektrum des Luminanzsignals, schematisch

Netzwerke definiert. Bild 5.18 zeigt hierfür ein Beispiel. Das dargestellte RL-Netzwerk enthält 2 Zeitkonstanten mit den *Eckfrequenzen* f_1 und f_2 bzw. den *Zeitkonstanten* T_1 und T_2. Das Bild enthält auch die reziproke Deemphasis. Die Übertragungsfunktion lautet

$$u_2 = u_1 \cdot \frac{R_2 + j\omega L}{R_1 + R_2 + j\omega L} \tag{5.15}$$

oder

$$\frac{u_2}{u_1} = \frac{1 + j\omega T_2}{1 + j\omega T_1} \cdot \frac{T_1}{T_2} \tag{5.16}$$

mit

$$T_1 = \frac{L}{R_1 + R_2} \quad \text{und} \quad T_2 = \frac{L}{R_2} . \tag{5.17}$$

Das *Maß der Preemphasis*, also der Grad der Höhenanhebung, ist gegeben durch das Verhältnis T_2/T_1, wie die Grenzbetrachtung der Gleichung (5.16) für $\omega \to \infty$ leicht erkennen läßt.

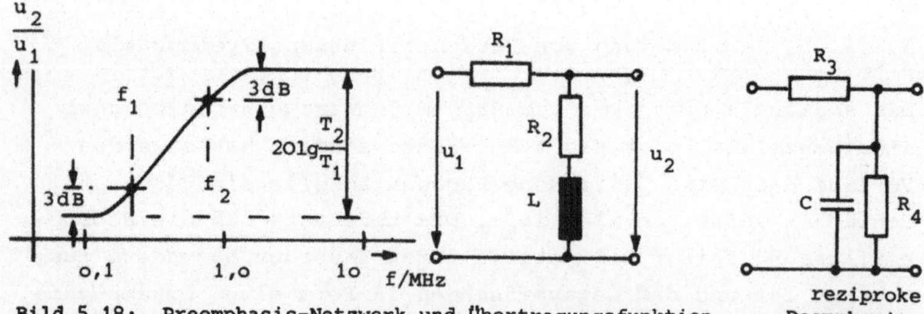

Bild 5.18: Preemphasis-Netzwerk und Übertragungsfunktion

Die Preemphasis wird üblicherweise im *Video-Basisband* durchgeführt. Allerdings sind hier, insbesondere bei FBAS-Farbaufzeichnung - im Hinblick auf nichtlineare Verzerrungen und damit unerwünschte Modulationsseitenbänder - Grenzen gesetzt (s.a. nächsten Abschnitt).

Die Wahl der Preemphasis hat auch Einfluß auf den *benötigten Hubbereich* f_H. Bild 5.19 möge das verdeutlichen. Dargestellt ist eine Grautreppe mit Preemphasis und ihre Wirkung auf die Momentanfrequenz bei gegebener Modulationskennlinie. Wir sehen, daß der Videohubbereich über f_{ws} hinaus nach f_{max} erweitert wird.

Der Frequenzgang und das Maß der Preemphasis müssen in der Praxis so festgelegt werden, daß sich bei mittleren Grauwerten und feinen Bilddetails keine Amplituden von u_{mod} ergeben, die zur *Übersteuerung* des Hubbereiches $f_H = f_{max} - f_{sync}$ führen. In Ergänzung zu Gleichung (5.13) und unter Einbeziehung von Gleichung (5.16) können wir für den *Modulationsindex des Videosignals mit Preemphasis* näherungsweise

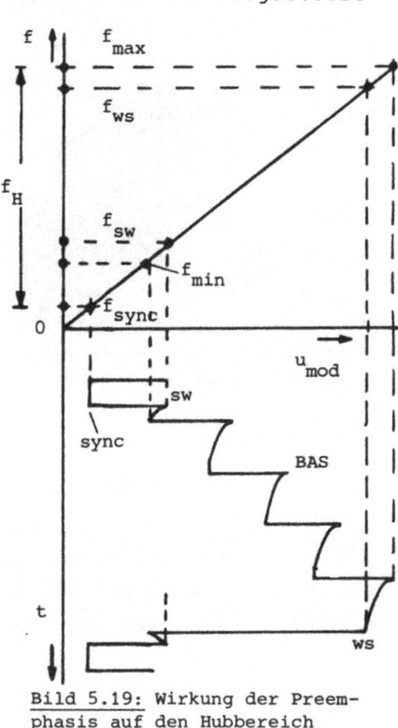

Bild 5.19: Wirkung der Preemphasis auf den Hubbereich

schreiben

$$n = \frac{f_{ws} \cdot T_2/T_1 - f_{sw} \cdot T_1/T_2}{f_{video}} . \qquad (5.18)$$

5.3.3.7. Zusätzliche Probleme bei Farbaufzeichnung

Die weltweit gebräuchlichen Farbfernsehübertragungssysteme NTSC, PAL und SECAM arbeiten aus Gründen der Kompatibilität (Verträglichkeit) mit den existierenden Monochrom-(Schwarzweiß-)Systemen alle nach dem Prinzip der *getrennten Luminanz- und Chrominanzübertragung* (s.a. "Farbfernsehtechnik", Teubner Studienskript No. 77,TSS77). Zwar unterscheiden sich die 3 Systeme in ihren Details sehr stark, jedoch ist das grund-

sätzliche Problem, das im Hinblick auf die FM-Magnetbandauf-
zeichnung existiert, sehr ähnlich.

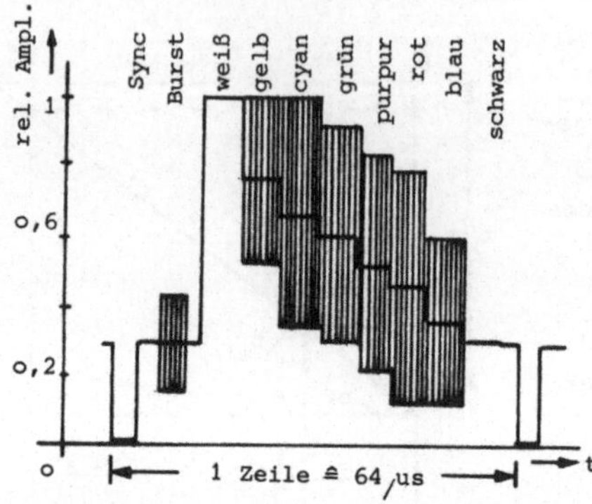

Bild 5.20: FBAS-Signal
des EBU-Farbbalkens

Um es zu erörtern, wollen
wir vom *FBAS-Signal des
EBU-Farbbalkens* mit 75%
Weißpegel und 100% gesät-
tigten Farben ohne Preem-
phasis ausgehen.

Dem *Luminanz- oder Grau-
wert* Y der Farben gelb,
cyan, grün, purpur, rot
und blau ist jeweils die
*Chrominanz- oder Farb-
wertinformation* F additiv
überlagert, und zwar in

Form einer modulierten, 4,4-MHz-Sinusschwingung. Die Grauwer-
te Y sind in absteigender Reihenfolge angeordnet. Die Modulationsverfahren und die exakten Frequenzen der 4,4 MHz-Träger
unterscheiden sich bei NTSC, PAL und SECAM (Einzelheiten siehe TSS 77). Gemeinsam ist jedoch, daß *hochfrequente Signale
mit nennenswerten Amplituden* vorhanden sind, die außerdem bei
NTSC und PAL extrem phasengetreu verarbeitet werden müssen.
Hier kommen also die Betrachtungen aus Abschnitt 5.3.3.5 bezüglich der Vermeidung von Seitenbandfrequenzen im FM-ZF-Bereich besonders zum Tragen.

Für die Aufzeichnung der vollständigen FBAS-Information existieren nun mehrere unterschiedliche Verfahren, die wir in
den nächsten Abschnitten behandeln wollen:

- die *FBAS-Direktaufzeichnung* mittels HIGH-BAND oder SUPER-
  HIGH-BAND (in verschiedenen Versionen wie z.B. Quadruplex,
  B- oder C-Format),

- Aufzeichnung im *Colour-Under*-Verfahren mit herabgesetztem
  Farbträger f_{cu} und frequenzbandbegrenztem Y-Signal (z.B.
  bei U-Matic, VCR, VHS, Betamax, Video 2000 usw. verwendet),

- Aufzeichnung in *getrennten Kanälen (Spuren)* für Y- und F-
  Signal im *Frequenzmultiplex* (z.B. Chromatrack/M-Format),

- Aufzeichnung *in getrennten Kanälen (Spuren)* für Y- und F-
  Signal im *Zeitmultiplex* (Betacam),

- Aufzeichnung mittels *Zeilen- und Spurmultiplex (also Raum-
  multiplex)* verbunden mit *Zeitkompression und Zeitdehnung*
  (Lineplex-Verfahren).

Die 3 letztgenannten Verfahren arbeiten mit *mehr als 2 Heli-
cal-Scan-Videoköpfen* (s.a. Abschnitte 5.3.6 ... 5.3.8).

5.3.4. FBAS-Aufzeichnung mittels HIGH-BAND- und SUPER-HIGH-BAND-Verfahren

Die unerwünschten unteren Seitenbandfrequenzen im FM-ZF-Bereich lassen sich generell vermindern, wenn man den Hubbereich so hoch wie möglich legt. Der in den Anfängen der Qua-
druplextechnik eingeführte LOW-BAND-Standard (s. Tabelle
5.1) war für Farbaufzeichnung nicht geeignet.

In dem Maße, in dem die Magnetband- und Videokopfeigenschaf-
ten verbessert werden konnten, wurde es möglich, den Hubbereich zu höheren Frequenzen hin zu verlegen. So entstand der
farbtüchtige HIGH-BAND-Standard, der die *FM-Aufzeichnung des
unveränderten FBAS-Signals* ermöglicht. Die SUPER-HIGH-BAND-
Norm ist eine weitere Verbesserung. Bild 5.21 zeigt dies in
einer vereinfachten Gegenüberstellung des Frequenzplans der
3 Quadruplexverfahren. Wir sehen, wie die besonders störenden
Seitenbänder der 3.Harmonischen mit zunehmend höherfrequentem
Hubbereich immer weiter aus dem ZF-Übertragungsbereich her-
ausrücken.
Im Prinzip wird diese Technik auch bei Schrägspuraufzeichnung
angewendet, obwohl sie dort seltener anzutreffen ist.
Vorteil der FBAS-Aufzeichnung: Höchste Qualität, Studiokame-
rasignale und reproduzierte MAZ-Signale sind in der Praxis
ohne Unterschied, keine zusätzlichen Signalumsetzungen erforderlich.

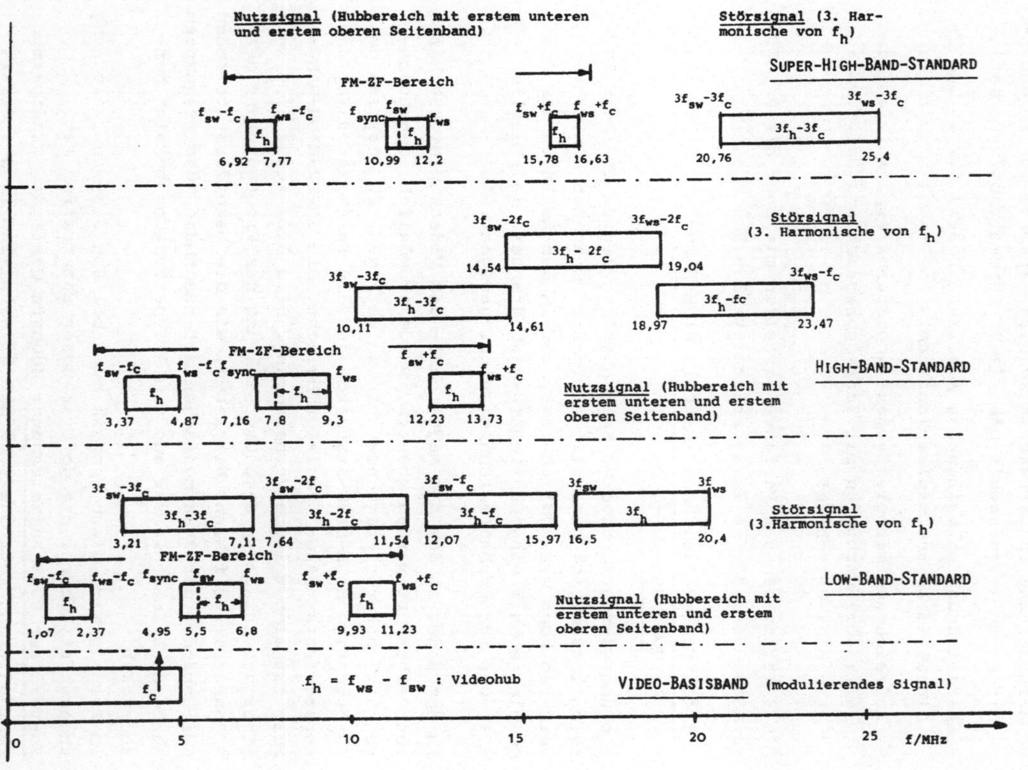

Bild 5.21: Nutz- und Störsignalbänder, Vergleich von LB, HB und SHB, schematisch

Nachteile der Quadruplex-Anlagen: Hoher Investitionswert, intensive Wartung, schlechte Mobilität, hoher Bandverbrauch.

5.3.5. Das "Colour-Under"-Verfahren

5.3.5.1. Prinzip

Das *Colour-Under-Verfahren* ist ein Kompromiß zwischen Preis, Mobilität und apparativem Aufwand des Gerätes einerseits sowie Bildqualität anderseits. Es wird bei vielen Schrägspurstandards im semiprofessionellen und im Amateurbereich verwendet. Zunächst ist es dadurch gekennzeichnet, daß *nicht die volle Videobandbreite* übertragen wird. Je nach Standard findet eine *Luminanzbandbegrenzung* auf

$$f_{Ymax} = 3,0 \ldots 4,2 \text{ MHz}$$

statt. Das hat seinen Grund darin, daß der *FM-Hubbereich für das Y-Signal* je nach Standard z.B. von 3,2 MHz ... 4,8 MHz oder von 4,8 MHz ... 6,4 MHz reicht.

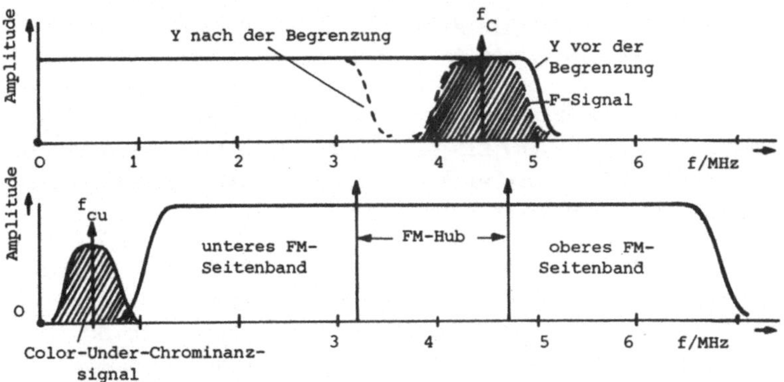

<u>Bild 5.22:</u> Prinzip des "Colour-Under"-Verfahrens , oben: Basisband, unten: ZF-Lage

Damit nun das 4,4 MHz trägerfrequente Chrominanzsignal nicht im FM-ZF-Bereich liegt, wird eine *Frequenzuntersetzung des*

F-Signals auf einen neuen Trägerf_{cu} vorgenommen, der je nach
Standard zwischen 625 kHz und 950 kHz liegt. Dieses *Colour-
under-Signal* wird direkt aufgezeichnet, wobei das Luminanzsignal als Vormagnetisierung wirkt. Bild 5.22 zeigt die Frequenzverteilung schematisch.
Vorteile des Colour-Under: Relativ geringer Aufwand,dadurch
für breite Anwenderkreise erschließbar, mobile Geräte.
Nachteil: Deutlicher Qualitätsabstand zum normalen Fernseh-
rundfunkstandard.

5.3.5.2. Beseitigung des Colour-Übersprechens (Cross-Colour) mittels Kammfiltertechnik

Besonderes Augenmerk ist beim Colour-Under-Verfahren dem
Colour-Übersprechen (Cross-Colour) zu widmen. Darunter versteht man in diesem Zusammenhang das unerwünschte Auftreten
von Farbsignalanteilen aus benachbarten Spuren, wenn bei der
Wiedergabe aufgrund unvermeidlicher Toleranzen während der Abtastung nicht nur die gewünschte, sondern auch ein Teil der
benachbarten Spur mit erfaßt wird.

Die im Abschnitt 5.2.4.3 erläuterte Slanted Azimuth-Technik
beseitigt zwar im wesentlichen das *FM-Übersprechen des Y-
Signals*, sie ist aber bezüglich des niederfrequenten Chromasignals nicht wirksam genug, so daß zusätzliche Maßnahmen ergriffen werden müssen. Ein sehr wirksames Mittel ist hier die
Kammfiltertechnik. Sie wird bei den einzelnen Systemen in unterschiedlicher Weise realisiert.

Ihr liegt die Tatsache zugrunde, daß das FBAS-Signal wegen
der zeilenweisen Übertragung eine *Kammstruktur in der Spektralverteilung* besitzt (s.a. TSS 77 "Farbfernsehtechnik").
Wie in Bild 5.17 grob skizziert, liegen die Schwerpunkte der
Signalenergie in Frequenzbereichen, die ganzen Vielfachen der
Zeilenfrequenz f_H entsprechen. Stellen wir uns vor, man gibt
ein derartiges Linienspektrum s(t) auf ein *Kammfilter* entsprechend Bild 5.23, so erscheint am Ausgang des Filters die
vektorielle Summe aus dem Originalsignal und dem um die Zeit

τ verzögerten Anteil. Je nach Wahl der *Verzögerungszeit* τ
tritt dabei entsprechend den Phasenlagen der Einzelkomponen-
ten im Extremfall vollständige
Auslöschung oder Amplitudenver-
dopplung von s(t) ein. Ein Kammfilter ist also eine Anordnung
mit *periodischer Frequenzüber-
tragungscharakteristik*, bei der
sich die Maxima und Minima jeweils im Abstand f = 1/τ wieder-
holen.

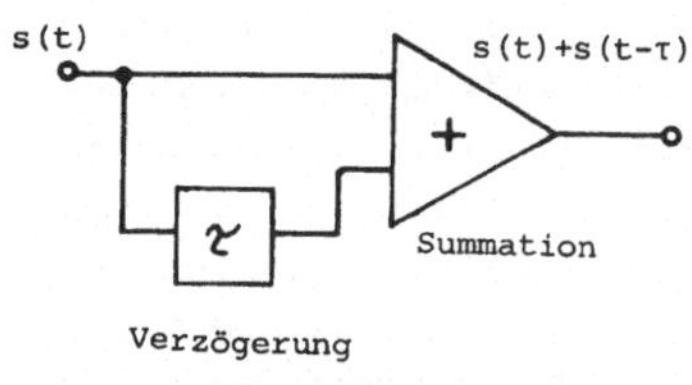

Bild 5.23: Prinzip des
Kammfilters

Dieses Prinzip läßt sich nun in verschiedenen Versionen auf
die Cross-Colour-Unterdrückung übertragen. Dabei geht man von
der durch die Praxis bestätigten Voraussetzung aus, daß sich
die Farbinformationen in *benachbarten* Zeilen nur *wenig* voneinander unterscheiden. Benachbarte Zeilen liegen aber, bezogen auf das Vollbild, in aufeinanderfolgenden Halbbildern und
damit in benachbarten Videospuren auf dem Band. Werden nun
die Signale benachbarter Spuren bei der Aufnahme entsprechend
aufbereitet und bei der Wiedergabe über ein Kammfilter mit
einer Laufzeit τ verarbeitet, so läßt sich das Übersprechen
kompensieren. Wir wollen uns das am Beispiel der *PAL-Chroma-
verarbeitung im VHS-System* klarmachen. Hier muß man wählen

$$\tau = 2t_H = 2/f_H = 128 \ \mu s \ . \tag{5.19}$$

1) Der Original-Farbträger des F-Signals ($f_{cPAL} = 4{,}43$ MHz)
   wird nach der Vorschrift herabgesetzt

$$f_{cuVHS} = (40 + \tfrac{1}{8}) \ f_H = 626{,}953 \ 125 \ \text{MHz} \ . \tag{5.20}$$

Hieraus erklärt sich auch der zweite übliche Name für
das Colour-Under Verfahren: LIR (*LIne Reference*).

2) Bei der Aufzeichnung wird *in jedem zweiten Halbbild* die
   Phase von f_{cuVHS} *von Zeile zu Zeile* um φ = 90° *fortge-
   schaltet*. Bild 5.24 zeigt einen Ausschnitt aus dem Spurlagenschema, wobei die Wirkung der Phasenfortschaltung

auf die Burst-Phasenlage des F-Signals dargestellt ist.

3) Bei der Wiedergabe wird das abgetastete Signal von Spur 1
ungeschaltet, im Falle der Spur 2 wiederum mit $\varphi = 90°$
von Zeile zu Zeile geschaltet verarbeitet. Außerdem ergibt sich durch das Kammfilter $t_H = 2$ H Zeitverzug. Nehmen wir an, die geschaltete Spur 2 spricht auf die unge-
schaltete Spur 1 über, so stellen sich die Verhältnisse
nach Bild 5.25 ein. Das Originalsignal und das um 2 H
verzögerte Signal werden addiert. Es entsteht das
gefilterte Signal von Spur 1.

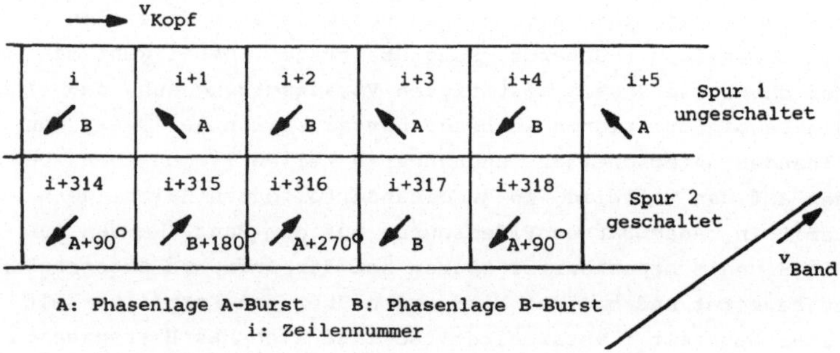

Bild 5.24: Spurlagenschema bei PAL-VHS-Chromaaufzeichnung (Aufnahme)

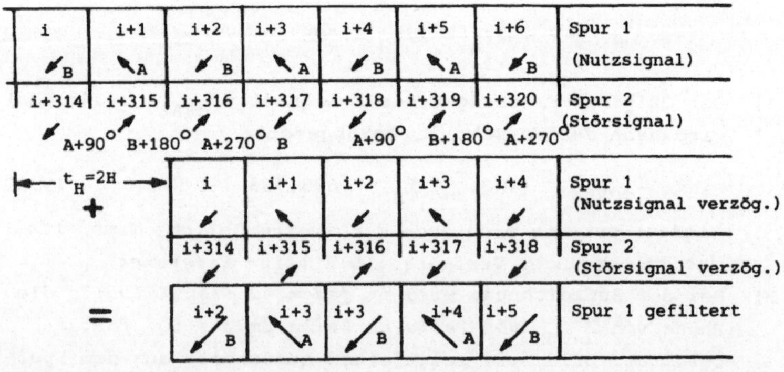

Bild 5.25: Cross-Colour-Kompensation an ungeschalteter Spur (Wiedergabe)

Wir sehen, daß sich die Nutzsignale addieren und die Störsignale auslöschen (Durch Länge der Pfeile angedeutet).

Entsprechende Verhältnisse ergeben sich beim Übersprechen der ungeschalteten Spur 1 auf die geschaltete Spur 2, wobei im Bild 5.26 die Phasenrückschaltung vor der Kammfilterung bereits durchgeführt ist.

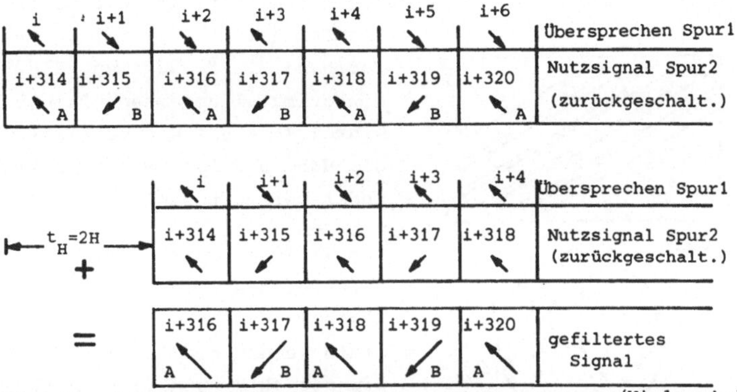

i	i+1	i+2	i+3	i+4	i+5	i+6	Übersprechen Spur 1
i+314	i+315	i+316	i+317	i+318	i+319	i+320	Nutzsignal Spur 2
A	B	A	B	A	B	A	(zurückgeschalt.)

$t_H = 2H$	i	i+1	i+2	i+3	i+4	Übersprechen Spur 1
+	i+314	i+315	i+316	i+317	i+318	Nutzsignal Spur 2 (zurückgeschalt.)
=	i+316	i+317	i+318	i+319	i+320	gefiltertes Signal
	A	B	A	B	A	

Bild 5.26: Cross-Colour-Kompensation an geschalteter Spur (Wiedergabe)

Beim *Betamax-System* wird ein etwas anderer Weg beschritten. Hier wählt man für benachbarte Spuren *zwei unterschiedliche* Farbträgerfrequenzen mit *Viertelzeilenoffset* nach der Vorschrift

$$f_{cu1} = (44 - 1/8) \cdot f_H = 685{,}54687 \text{ kHz}$$

und
$$f_{cu2} = (44 + 1/8) \cdot f_H = 689{,}45312 \text{ kHz} \qquad (5.21)$$

oder
$$f_{cu1} - f_{cu2} = f_H/4 \quad = \quad 3{,}90625 \text{ kHz} \ .$$

Der Farbträger von Spur 2 hat also gegenüber dem von Spur 1 einen Frequenzversatz von einer Viertelzeile.

Darüber hinaus nimmt man - ähnlich wie bei anderen Verfahren - einen Zeilenversatz mit Phasenumschaltung bei der Aufnahme vor, so daß die Anwendung der Kammfiltertechnik bei der Wiedergabe ermöglicht wird.

5.3.6. Aufzeichnung von Y-Signal und F-Signal im Frequenz-multiplex und in getrennten Spuren

Ein als *Chromatrack/M-Format* bezeichnetes Verfahren (RCA /Panasonic) arbeitet, wie der Name auch ausdrückt, mit je einer *separaten Spur für das Y- und für das Chroma-(F-)Signal*. Dies wird nach Bild 5.27 dadurch ermöglicht, daß die Kopf-trommel (mit d = 62 mm) *je ein Kopfpaar für Y und F* enthält, die azimutal um einen kleinen Winkel (α = 6°) und vertikal um die Höhe h = 0,13 mm) gegenein-ander versetzt sind.

Das Y-Signal wird normal mit FM aufgezeichnet.

Anstelle des kompletten F-Si-gnals werden die *Farbdifferenz-signale* (R-Y) und (B-Y) s.a. TSS No. 77, "Farbfernsehtech-nik") verwendet. (R-Y) und (B-Y) sind *frequenzmoduliert*, und zwar entsprechend Bild 5.28 mit ver-schiedenen Mittenfrequenzen und *unterschiedlichen* Modulations-hüben im unteren und oberen

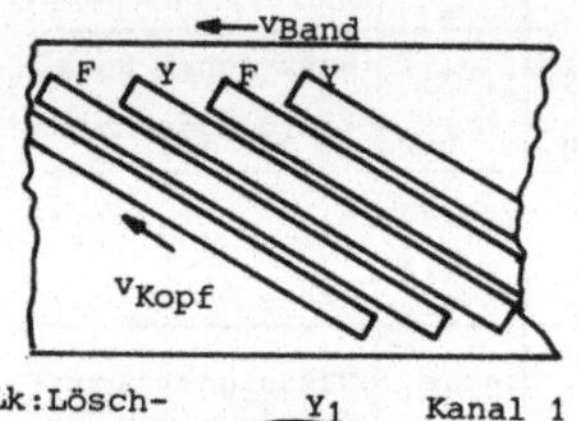
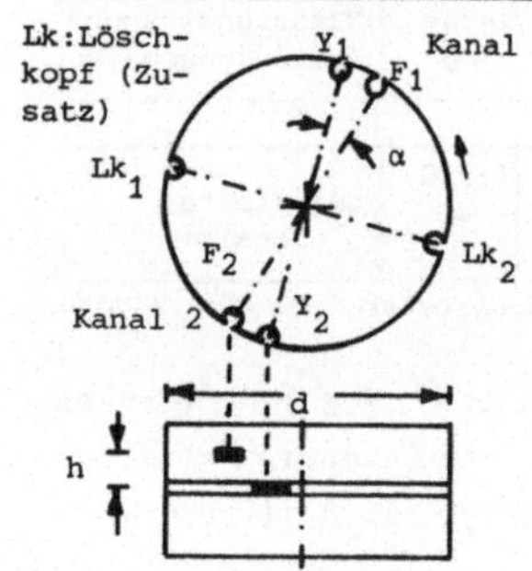

Bild 5.27: Chroma-track/M-Verfahren,schematisch

ZF-Bereich. Anschließend werden beide Komponenten bei der Aufzeichnung addiert, wobei die FM-ZF von (R-Y) als Vorma-gnetisierung für die FM-ZF von (B-Y) fungiert (s.a. 10.5.3.1).

5.3.7. Aufzeichnung von Y- und F-Signal im Zeitmultiplex und in getrennten Spuren

Das als *Betacam-Format* von Sony eingeführte Verfahren benutzt

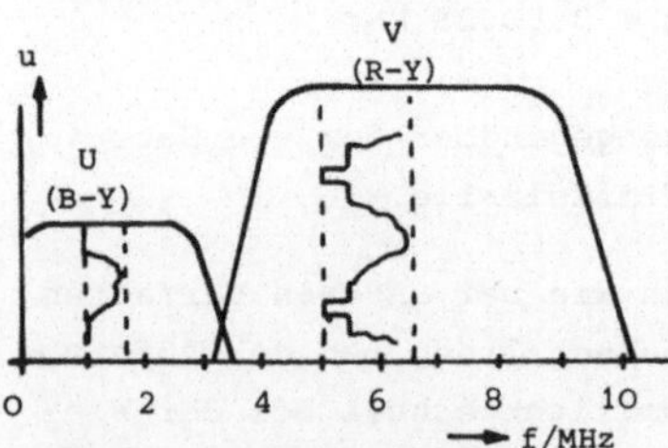

Bild 5.28: Das F-Signal beim Chromatrack/M-Standard

im Prinzip die gleiche Zweispur-Vierkopf-Trommel nach Bild
5.27 wie das Chromatrack-Format, allerdings mit anderen Abmessungen (α = 7,8°; h = 0,07 mm, d = 74,5 mm). Das *Luminanzsignal* Y wird konventionell mit FM auf eine Spur aufgezeichnet. Beim Chrominanzsignal werden wiederum die *Farbdifferenz-
signale* (R-Y) und (B-Y) verwendet. Hier macht man sich die
Tatsache zunutze, daß die Bandbreite dieser Komponenten mit
etwa 600 kHz wesentlich kleiner ist als die des Y-Signals.
Deshalb lassen sich (R-Y) und (B-Y) mit Hilfe moderner *Ana-
log-CCD-Schieberegister zeitkomprimieren*, und zwar so, daß
entsprechend Bild 5.29 (R-Y) und (B-Y) einer Zeile i jeweils

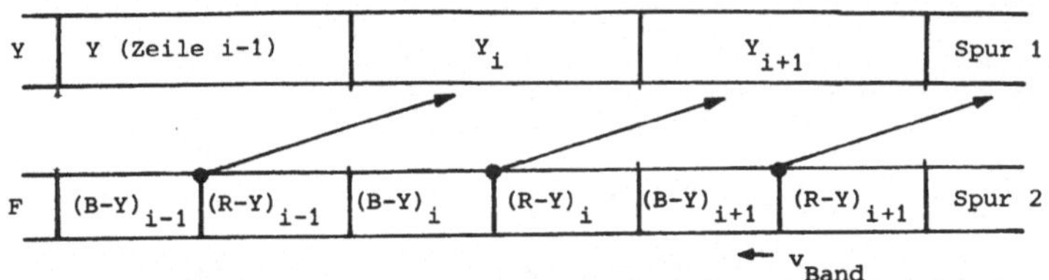

<u>Bild 5.29:</u> Zeitkompression der Farbdifferenzsignale

auf das 0,5-fache ihrer ursprünglichen Dauer komprimiert und
zeitlich hintereinandergeschachtelt neben das Y-Signal der
Zeile i-1 aufgezeichnet werden (s.a. Abschnitt 10.5.3.2).

5.3.8. Aufzeichnung mit Zeitmultiplex, Zeilen- und Spurmultiplex, Lineplex

Das von Bosch entwickelte *Lineplex-Verfahren* enthält ein gan-
zes Bündel von Maßnahmen vor und während der Aufzeichnung,
und zwar

- *Zeitexpansion* für das *Y-Signal*
- *Zeitkompression* für die *(R-Y)*-und *(B-Y)*-Signale
- *Verschachtelung* der Y- und Farbsignale in zwei zeitparallel
  aufgezeichneten Spuren.

Der Methode der Zeitexpansion des Y-Signals liegt der Gedanke
zugrunde, daß man bei gegebener Bandgeschwindigkeit v die

kleinste aufzuzeichnende Wellenlänge λ entsprechend Gleichung
(2.6) dadurch vergrößern kann, daß man mittels *Zeittransfor-
mation die Frequenz herabsetzt*. Im vorliegenden Fall wird Y
zunächst frequenzmoduliert (f_{sync} = 3,8 MHz, f_{ws} = 5,4 MHz)
und dann zeilenweise um den Faktor 1,5 *gedehnt*. Damit liegt
der Hub zwischen f'_{sync} = 2,6 MHz und f'_{ws} = 3,6 MHz. Um beim
Chrominanzsignal etwa die *gleiche Aufzeichnungsdichte* wie bei
Y zu erhalten, werden (R-Y) und (B-Y) analog zum Betacamver-
fahren (s. Abschnitt 5.3.7) mit dem Faktor 2 *zeitkomprimiert*
und mittels Quadratur-Amplitudenmodulation (s.a. TSS 77,
Farbfernsehtechnik) kombiniert. Bild 5.30 veranschaulicht das
Prinzip.

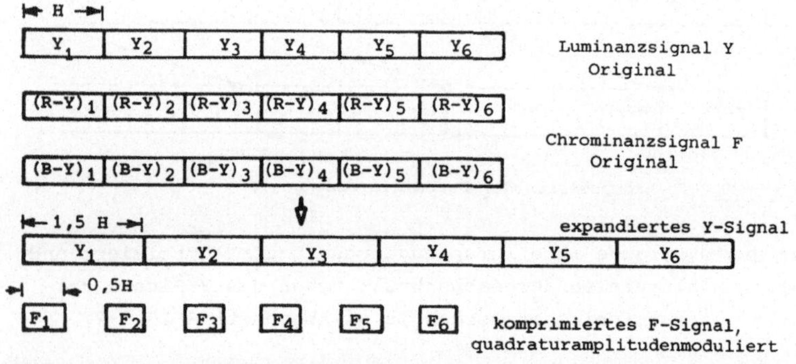

Bild 5.30: Prinzip der Luminanzexpansion und Chrominanzkompression

Aus 6 Zeilen (Dauer 6 H) kompletter Videoinformation Y, (R-Y)
und (B-Y) werden (6 · 1,5 H)·Y + (6 · 0,5 H)·F, also 12 aufzuzeichnende Zeilen. Da sie in Echtzeit verarbeitet werden
müssen, sind 2 parallele Spuren erforderlich.

Y- und F-Signal werden nun *zeitlich alternierend* und *räumlich
gegeneinander versetzt* aufgezeichnet, wie es Bild 5.31 zeigt.
Wir sehen, daß die Köpfe der Spuren 1 und 2 um 2 H gegeneinander versetzt sind und damit gleichartige Informationen Y
bzw. F nebeneinander liegen und daß außerdem die slanted azimuth-Technik (s.a. Abschnitt 5.2.4.3) angewendet wird. Da-

durch wird das Übersprechen zwischen den Spuren sowie zwischen Luminanz und Chrominanz minimiert.

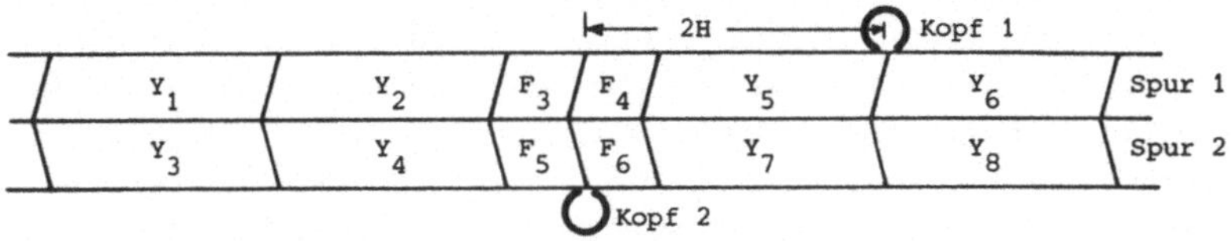

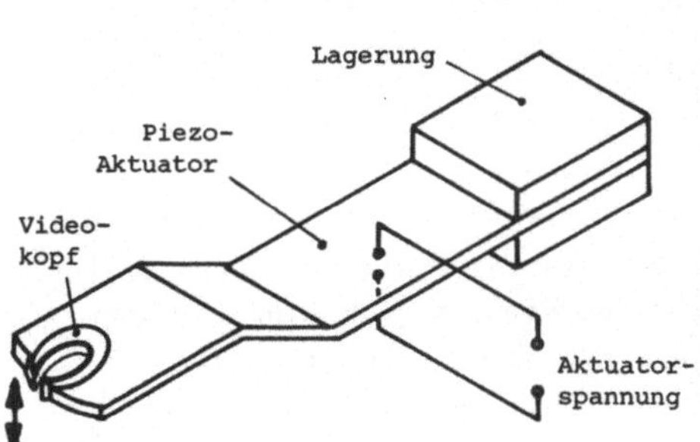

Bild 5.31: Lineplex-Spurformat

5.3.9. Dynamische Spurnachführung (Dynamic Track Following, DTF)

Die *dynamische Spurnachführung* (DTF) ist eine Technik, die zunächst nur im professionellen Bereich angewandt wurde, um z.B. Standbild- oder Zeitlupendarstellungen zu realisieren. Sie ist inzwischen aber auch im Heimrecordersystem Video 2000 im Einsatz. Ihr Prinzip besteht darin, daß die *momentane Höhe des Videokopfes* mittels eines *piezokeramischen Aktuators*, der mit einer elektrischen Spannung (Größenordnung 150 V) beaufschlagt ist, stets den unterschiedlichen Bedingungen des Band-Kopf-Transports angepaßt werden kann. Für die *Aufnahme* bedeutet das, daß die Spuren exakt nebeneinander in gleicher Breite ohne Rasen geschrieben werden können. Bei der *normalen Wiedergabe* läßt sich der Kopf genau auf der abzutastenden Spur führen, wodurch das Übersprechen minimiert wird. Bei *Standbild- und Zeitlupendarstellung* kann der gegenüber der normalen Wiedergabe veränderte Schrägungswinkel der Abtastung realisiert werden. Details zur DTF werden wir im Abschnitt über Video 2000 noch behandeln (10.5.2.3).

Bild 5.32: Automatische Spurführung mittels piezokeramischem Aktuator, Prinzip

5.4. Signalverarbeitung für Aufnahme und Wiedergabe

Die *Signalaufbereitung des FBAS-Signals vor der Aufnahme* und
die *Nachbereitung nach der Wiedergabe* sind ein wesentlicher
Teil der gesamten Signalkette. Soweit möglich, wollen wir die
allen Systemen gemeinsamen Merkmale erörtern. Das kann nur
unvollkommen gelingen, weil die Mannigfaltigkeit der Detaillösungen sehr groß ist. Generell sind die Videoköpfe für Aufzeichnung und Wiedergabe *identisch*. Bei der *Aufzeichnung* ist
der eingeprägte Kopf*strom* die typische Größe, während bei der
Wiedergabe die induzierte Kopf*spannung* vorgegeben ist. Diese
Randbedingungen kennzeichnen die jeweilige Signalelektronik.
Allen Systemen gemeinsam ist ferner die *Frequenzmodulation
des Luminanzsignals*, während die Chrominanz sehr unterschiedlich verarbeitet wird (s. Abschnitt 5.3).

5.4.1. Aufzeichnungselektronik

Wir wollen uns zunächst mit der *FBAS-Aufzeichnung* befassen,
deren Blockschaltung in Bild 5.33 dargestellt ist.

Das Videosignal wird mit Hilfe eines *automatisch geregelten
Verstärkers* (<u>A</u>utomatic <u>V</u>olume <u>C</u>ontrol, AVC) auf konstantem
Ausgangspegel gehalten. Dadurch werden unterschiedliche Ein-
gangspegel ausgeglichen. Der *Tiefpaß* begrenzt die Videobandbreite auf 0-5 MHz (CCIR). Der *Sync-Separator* ist eine Hilfs-
stufe, die verschiedene Aufgaben erfüllt. Zum einen erzeugt
sie die Regelspannung für die AVC durch Auswertung der H-
Sync-Amplitude, außerdem liefert sie H- und V-Bezugssignale
für den Band- und Kopfantrieb und H-Signale für die Schwarzwertklemmung. Die *Schwarzwertklemmung* ist eine Stufe, die die
Aufgabe hat, den Signalpegel für Schwarz unabhängig vom Vi-
deogehalt auf einem genau definierten Niveau zu halten, weil
hiervon letztlich die Genauigkeit der Modulatorkennlinie abhängt. Die nachfolgende *Preemphasisstufe* sorgt für die zur
Rauschverminderung notwendige Höhenanhebung (s. Abschnitt
5.3.3.6). In manchen Fällen wird die Preemphasis *dynamisch*
ausgelegt. Das Maß der Höhenanhebung ist hierbei abhängig

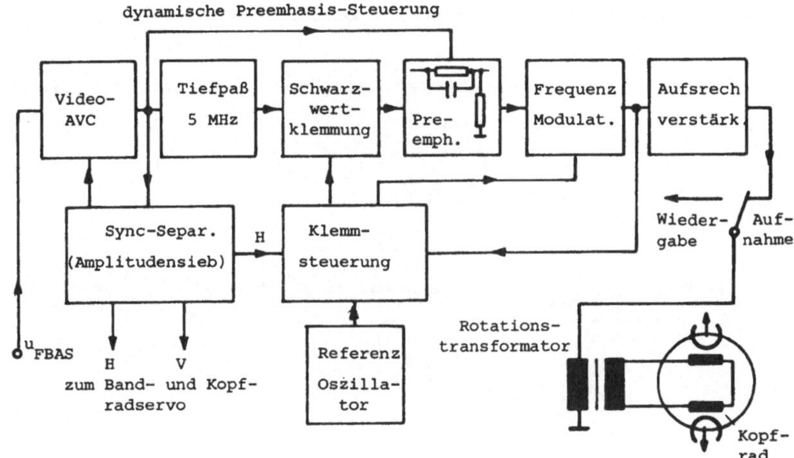

Bild 5.33: Vereinfachtes Blockschaltbild der Aufzeichnungselektronik bei FBAS-Verfahren

vom Videosignal*pegel*, und zwar umgekehrt proportional. Damit wird eine Übermodulation des Frequenzmodulators vermieden, die unter anderem zu zusätzlicher Amplitudenmodulation führen würde.

5.4.1.1. Der Frequenzmodulator

Wie im Abschnitt 5.3.3   schon betont, muß die FM-Kennlinie extrem linear und stabil sein. Die charakteristischen Frequenzen f_{sync}, f_{sw} und f_{ws} liegen im Bereich von 3,5 MHz bis 12 MHz,und der Frequenzhub hat die Größenordnung von 1,5 MHz bis 3 MHz. Der spannungsgesteuerte Oszillator (Voltage Controlled Oscillator, VCO) muß einen relativen Frequenzhub von etwa $\pm$ 15% haben (vgl. a. Tabelle 5.1).
Konventionelle LC-Oszillatoren mit gesteuerten Blindwiderständen (*Reaktanzstufen*) versagen hier, weil sie nur etwa im Bereich von $\pm$ 1% spannungslinear arbeiten. Zwei Konzepte sind deshalb im praktischen Gebrauch, die sich durch Aufwand und damit erzielter Qualität unterscheiden:

- nach dem Gegentaktprinzip arbeitende *Reaktanzmischstufe* (Bild 5.34)

- astabiler, spannungsgesteuerter *Multivibrator* (Bild 5.35).

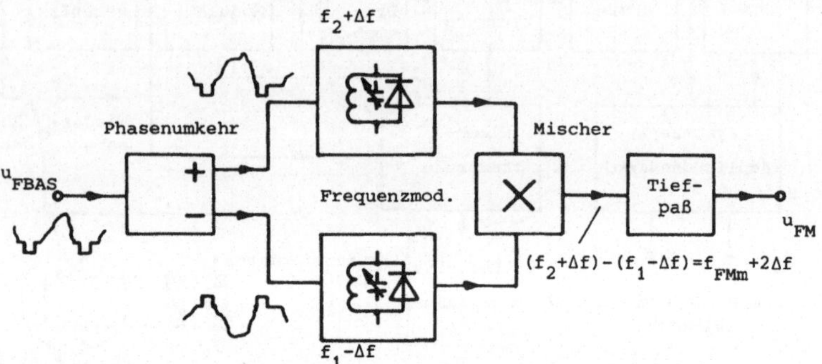

Bild 5.34: Frequenzmodulator mit Gegentaktreaktanzmischer

Der Grundgedanke des Reaktanzmischers besteht darin, zwei Oszillatoren f_1 und f_2 in einem Bereich schwingen zu lassen, für den der gewünschte Frequenzhub f_H von etwa $\pm$ 1 MHz einer Mittenfrequenzabweichung Δf_1 bzw. Δf_2 von $\pm$ 1% entspricht, also bei etwa 100 MHz.

Beträgt die dem Mittelwert von u_{FBAS} zugeordnete Modulatorausgangsfrequenz f_{FMm} (beispielsweise 7,5 MHz), so wählt man nach der Beziehung

$$f_2 = f_1 + f_{FMm} \tag{5.22}$$

einen *Frequenzoffset* f_{FMm} zwischen f_1 und f_2 (also beispielsweise f_1 = 100 MHz, f_2 = 107,5 MHz). Im Mischer und im nachfolgenden Tiefpaß wird die gewünschte Frequenzumsetzung in den Modulator-ZF-Bereich sowie die Unterdrückung unerwünschter Mischprodukte vorgenommen:

$$f_{FM} = (f_2 + \Delta f) - (f_1 - \Delta f) = f_{FMm} + 2\Delta f \ . \tag{5.23}$$

Eine etwas weniger aufwendige, aber dafür nicht so hochwertige Schaltungstechnik mit einem *astabilen Multivibrator* zeigt Bild 5.35 in vereinfachter Form. Sie wird häufig in Heimvi-

deorecordern verwendet. Im symmetrischen Fall (Wegfall der
Indizes der Bauelemente) können wir für die Schwingfrequenz
näherungsweise schreiben

$$f_{FM} = 1 \ / \ \left[2R_B C_K \cdot \ln(1 + U_B/u_{FBAS}) \right] . \qquad (5.24)$$

In dieser einfachen
Form ist die Schaltung
also nicht spannungs-
linear, und es müssen
zusätzliche Maßnahmen
getroffen werden. Dazu
kann beispielsweise
auch gehören, daß der
Multivibrator mit der
doppelten Frequenz
schwingt,die durch ei-
nen digitalen Fre-
quenzteiler halbiert
wird, bevor sie den
Aufsprechverstärker
ansteuert.

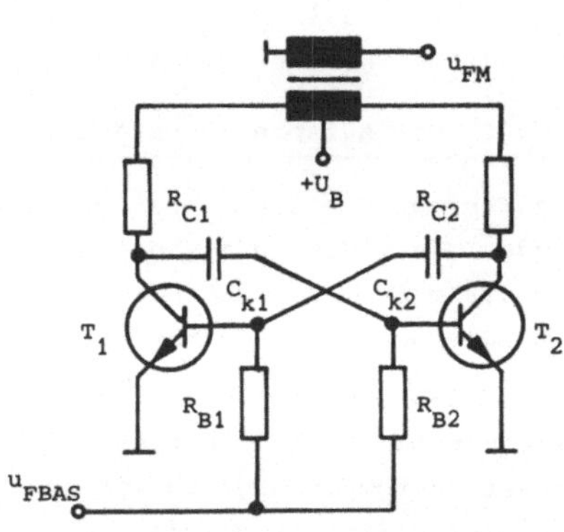

Bild 5.35: Astabiler Multivibrator
als Frequenzmodulator

In Bild 5.36 ist noch ein weiteres Modulatorprinzip dargestellt, das einen *Sägezahngenerator* mit anschließendem Be-
grenzer verwendet.

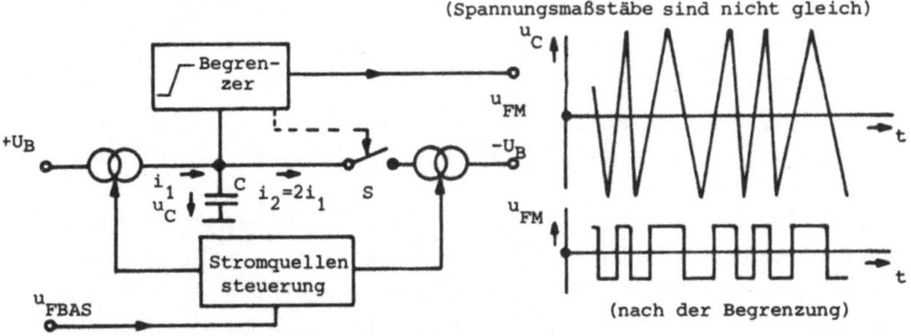

Bild 5.36: Frequenzmodulator mit Sägezahngenerator

Solange der Schalter S offen ist, wird der frequenzbestimmende Kondensator mit einem konstanten Strom i_1 aufgeladen, so daß u_c zeitlinear ansteigt. Schließt S, dann wird zusätzlich ein Gegenstrom $i_2 = - 2i_1$ eingeprägt, der C wieder entlädt. Der Vorgang wiederholt sich periodisch, so daß eine Sägezahnspannung entsteht, deren Frequenz sich durch Steuern der Ströme i_1 und i_2 mittels u_{FBAS} modulieren läßt. Dieses Prinzip zeigt sehr gute Linearitätseigenschaften und findet im professionellen Bereich Anwendung.

5.4.1.2. Der Aufsprechverstärker

Der *Aufsprechverstärker (record amplifier)* hat die Aufgabe, den oder die Videoköpfe während der Aufzeichnung mit dem Aufsprech*strom* zu versorgen, der das Kopfspaltfeld erzeugt. Dabei sind eine Reihe von Forderungen zu erfüllen.

- Der Aufsprechstrom soll innerhalb des interessierenden Frequenzbereichs linear sein und die vorhandenen Blindwiderstandskomponenten und frequenzabhängigen Verluste kompensieren (*Entzerrer* oder *equalizer*).

- Er muß die Möglichkeit bieten, die im Laufe der Kopflebensdauer durch *Verschleiß* sich ändernden Kopfeigenschaften zu kompensieren.

- Der Strom muß so einstellbar sein, daß der remanente Bandfluß ein Maximum wird (*Optimierung des Aufsprecharbeitspunktes, optimizing*). Da die individuellen Eigenschaften der einzelnen Bandsorten unterschiedlich sein können, muß eine einfache Kontrolle des Arbeitspunktes möglich sein.

- Sofern mehrere Köpfe vorhanden sind - und das ist die Regel - muß *jeder* Kopf individuell einstellbar sein.

Bild 5.37 zeigt als Beispiel die Blockschaltung eines Aufsprechverstärkers für eine Quadruplexanlage. Im Equalizer wird eine generelle Frequenzgangkorrektur für alle Köpfe vorgenommen, und in den Optimizern findet die Arbeitspunkteinstellung des Aufsprechstromes statt. Bei Mehrkopfanlagen gibt

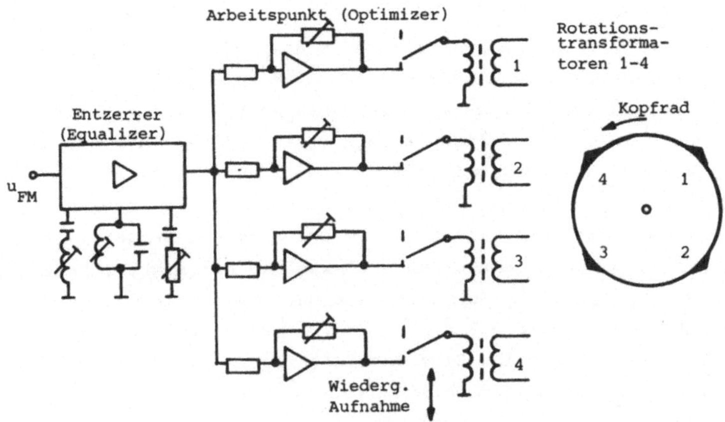

Bild 5.37: Prinzip des Aufsprechverstärkers

es hierfür häufig eine spezielle Betriebsart des Recorders
(record optimizing). Dabei läßt man das Band mit einem Bruch-
teil der normalen Geschwindigkeit laufen, und zwar mit der
halben (bei 2 Köpfen) und ein viertel Geschwindigkeit (bei 4
Köpfen) und schaltet die Köpfe so, daß einer aufzeichnet und
der folgende unmittelbar danach wiedergibt. Wegen der herab-
gesetzten Geschwindigkeit erfaßt er dabei den größten Teil
der gerade erfolgten Aufnahme. Der Aufsprechstrom wird so
eingestellt, daß die Wiedergabespannung ein Maximum wird.
Dieser Wert ist optimal, denn unterhalb des Maximums wird das
Band noch nicht genügend gesättigt, und oberhalb tritt zu
starke Dämpfung der kleinen Wellenlängen durch Selbstentmagnetisierung ein.
Im Normalbetrieb werden alle vorhandenen Köpfe gleichzeitig
gespeist, obwohl sich immer nur einer in Bandkontakt befindet. Der Strom wird über Rotationstransformation übertragen.
Bei älteren Quadruplexanlagen waren Schleifringe üblich. Der
Aufwand in Heimvideoanlagen ist naturgemäß geringer; oft verwendet man für die vorhandenen 2 Köpfe nur einen gemeinsamen
Aufsprechverstärker.

5.4.2. Wiedergabeelektronik

Im *Wiedergabebetrieb* arbeitet der Videokopf als *Spannungsgenerator*, dessen frequenzabhängiges Ausgangssignal in Bild 5.13 schematisch dargestellt ist. Die induzierte Leerlaufspannung liegt im Bereich von einigen Millivolt; sie muß bis zum Eingang des FM-Demodulators etwa um den Faktor 500 .... 1000 verstärkt werden. Anhand der Blockschaltung in Bild 5.38 wollen wir die wesentlichen Komponenten der Wiedergabeelektronik am Beispiel einer Quadruplexanlage betrachten. Zwei- und Einkopfsysteme sind im Prinzip Untermengen davon. Drei wesentliche *Stadien der Signalverarbeitung* existieren

- Vorverarbeitung der Einzelkopfsignale
- Zusammenführung der Teilsignale
- Endverarbeitung des Gesamtsignals.

5.4.2.1. Vorverarbeitung der Einzelkopfsignale

Im Abschnitt 2.6 haben wir bereits die generell bei der Wiedergabe maßgeblichen Faktoren erörtert (Kopfspaltdämpfung, Abstandsverluste, ω-Gang usw.). Zusätzlich zu diesen Problemen müssen wir bei Mehrkopfanlagen die *unterschiedlichen Eigenschaften der Einzelköpfe* berücksichtigen, für deren Angleichung individuelle Korrekturen - möglichst unabhängig von der Gesamtentzerrung - erforderlich sind, um insbesondere bei segmentierter Aufzeichnung *"Banding"*-Effekte zu vermeiden. Man versteht darunter sichtbare Qualitätsunterschiede bezüglich Kontrast, Rauschen und Farbe in den den einzelnen Köpfen zugeordneten Zeilengruppen. Bei Quadruplex kann Banding in Gruppen von ca. 16 Zeilen auftreten (s.a. Abschnitt 10.2).

Wir betrachten zunächst einmal die Ersatzschaltung des Videokopfes bei der Wiedergabe (Bild 5.39). Die Spannungsquelle u_w (s.a. Gleichung 2.11) hat einen Innenwiderstand r_k mit kapazitiver und induktiver Komponente C_k, L_k. Die daraus resultierende Parallelresonanzfrequenz läßt sich durch entsprechende Kopfwickeltechnik so dimensionieren, daß sie oberhalb des interessierenden FM-ZF-Bereichs liegt. Zusätzlich wird

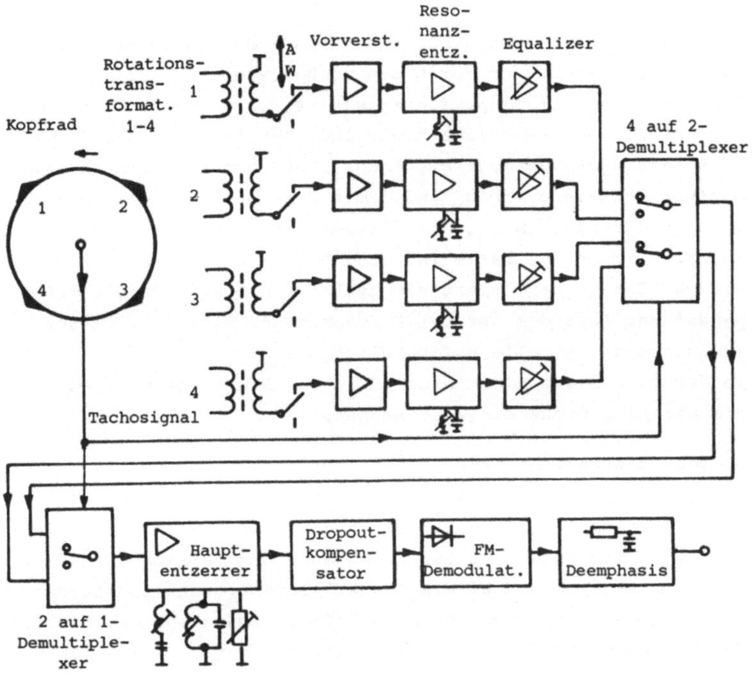

Bild 5.38: Prinzipschaltung der Wiedergabeelektronik

aber noch eine Serienresonanz wirksam, bestehend aus L_k und der Eingangskapazität C_e des nachfolgenden Verstärkers. Sie fällt in der Regel in den ZF-Bereich und bewirkt dort eine Frequenzganganhebung, verbunden mit Gruppenlaufzeitfehlern in der Nähe der Resonanzfrequenz. L_k ist nicht nur

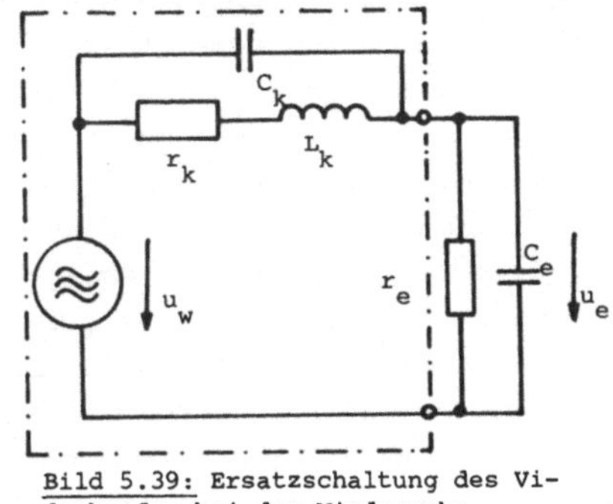

Bild 5.39: Ersatzschaltung des Videokopfes bei der Wiedergabe

von Kopf zu Kopf verschieden, sondern ändert sich auch im
Laufe der Lebensdauer durch den mechanischen Abrieb.
Durch *Wahl des Eingangswiderstandes* r_e wird das Gewicht der
Serienresonanz wesentlich beeinflußt. Wählt man einen *hoch-
ohmigen Eingangsverstärker*, dann erhält man als Vorteil eine
geringe Belastung von u_w und damit eine größere Nutzspannung
u_e als im Falle eines *niederohmigen Eingangswiderstandes*. Der
Nachteil im ersten Falle ist jedoch eine höhere Resonanz-
spitze. Daraus resultiert ein größerer Aufwand für die Kompensation. Außerdem ist bei Kopfabnutzung eine regelmäßige
Frequenzgangkontrolle erforderlich.
In der Praxis existiert eine Fülle von Einzellösungen, auf
die wir hier nicht eingehen können.

Die dem Resonanzentzerrer nachgeschaltete Entzerrerstufe
(Equalizer) hat die eingangs schon erwähnten Aufgaben. Im
Beispiel nach Bild 5.38 ist für jeden Kopf ein individueller
Equalizer vorgesehen; unter Ausnutzung der Tatsache, daß zur
Zeit immer nur ein Kopf ein Signal liefert, kann man durch
geschicktes Umschalten der Signalpfade Stufen sparen. Dieser
Vorteil wird jedoch mit erhöhtem Aufwand durch Schaltelektro-
nik erkauft.

Wegen seiner grundsätzlichen Bedeutung sei hier die *Kosinus-
Entzerrung* erläutert, die beispielsweise auch im Videobereich
mit anderer Dimensionierung zur Höhenanhebung und Kantenbetonung *(Crispening)* benutzt wird. Der typische Frequenzgang
dieser in Bild 5.40 dargestellten Schaltung ist aus Bild 5.41
ersichtlich. Die Anordnung zeichnet sich durch eine konstante
Gruppenlaufzeit aus, so daß die Phasenrelationen der Videoan-
teile zwischen $\underline{u}_e$ und $\underline{u}_a$ unverändert bleiben.
Die Schaltung besteht im Prinzip aus einer verlustarmen
Breitbandverzögerungsleitung DL mit dem *Wellenwiderstand* Z,
deren Länge so gewählt wird, daß sie für eine gewünschte
Übergangsfrequenz f_T eine $\lambda/4$-*Leitung* darstellt, das heißt,
daß der Phasenwinkel zwischen $\underline{u}_1$ und $\underline{u}_2$ (Bild 5.40) $\varphi_T = 90°$
beträgt. Ist t_d die *Verzögerungszeit* der Leitung, so gilt

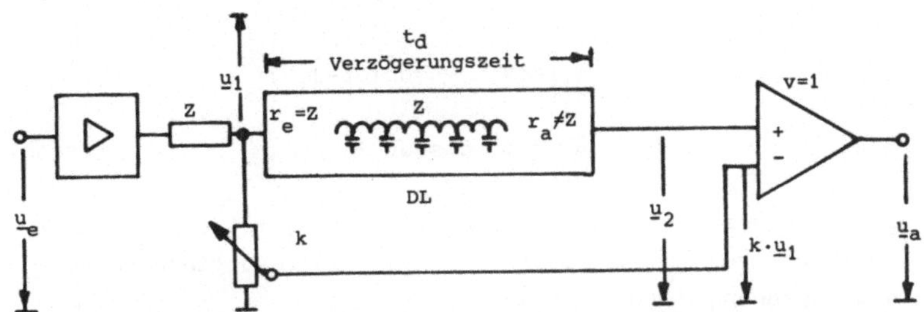

Bild 5.40: Kosinus-Entzerrung, Prinzip

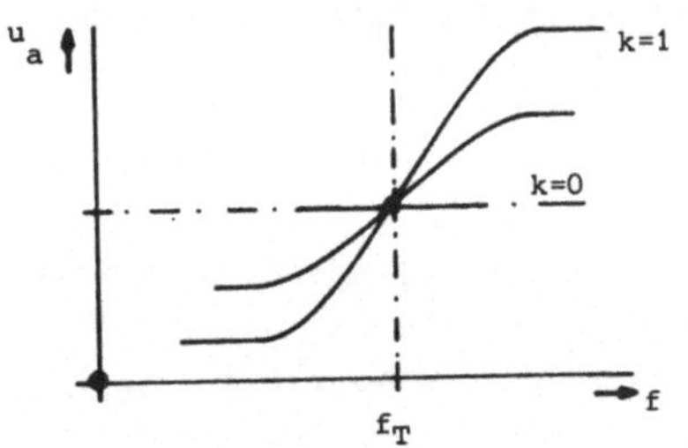

Bild 5.41: Frequenzgang der
Kosinus-Entzerrung

allgemein für den Phasen-
winkel zwischen $\underline{u}_1$ und $\underline{u}_2$
im Bogenmaß

$$\varphi = 2\pi \cdot t_d \cdot f \ . \qquad (5.25)$$

Charakteristisch für die
Schaltung ist weiter, daß
der *Eingang* von DL mit dem
Wellenwiderstand abge-
schlossen ist, der *Ausgang*

hingegen *nicht*.

Läuft also ein Signal

$$\underline{u}_e = \hat{u} \cos \omega t \qquad (5.26)$$

über DL, so gilt für das Ausgangssignal an DL

$$\underline{u}_2 = \hat{u} \cos(\omega t - \varphi) \ . \qquad (5.27)$$

Diese Spannung wird *reflektiert* und erscheint als $\underline{u}_r$ am Eingang von DL. Da hier Abschluß mit Z herrscht, gilt für $\underline{u}_r$

$$\underline{u}_r = \frac{\hat{u}}{2} \cos(\omega t - 2\varphi) \ . \qquad (5.28)$$

Am Eingang von DL liegt somit die Spannung

$$\underline{u}_1 = \frac{\underline{u}_e}{2} + \underline{u}_r = \frac{\hat{u}}{2}\left[\cos\omega t + \cos(\omega t - 2\varphi)\right] \qquad (5.29)$$

oder
$$\underline{u}_1 = \hat{u}\,\cos\varphi\cdot\cos(\omega t - \varphi)\;. \qquad (5.30)$$

Dieses Signal wird auf *unverzögertem* Wege, mit dem Faktor k bewertet, von $\underline{u}_2$ *subtrahiert*, so daß die resultierende Ausgangsspannung den Wert hat

$$\underline{u}_a = \underline{u}_2 - k\cdot\underline{u}_1 = \hat{u}\,\cos(\omega t - \varphi)\cdot(1 - k\,\cos\varphi)\;. \qquad (5.31)$$

Anhand der Gleichung (5.31) wollen wir die Eigenschaften der Schaltung kurz diskutieren.

Für k = O ist $\underline{u}_a = \underline{u}_2$, also in Amplitude und Phase gleich der um die Zeit t_d verzögerten Eingangsspannung $\underline{u}_e$.
Für $\varphi = 90°$ (also $f = f_T$) wird $k\cos\varphi = O$; somit hat k keinen Einfluß auf die Amplitude von u_a.
Für $f \lessgtr f_T$ ist der Term $(1 - k\cos\varphi) \lessgtr 1$, also ist $\underline{u}_a \gtrless \underline{u}_e$.
Generell hat $\underline{u}_a$ die gleiche Phase wie $\underline{u}_2$, also ist die Gruppenlaufzeit konstant.

5.4.2.2. Videokopf-Spurumschaltung

Bei allen Mehrkopfanlagen existiert bei der Wiedergabe das Problem, das vom *jeweilig aktiven Kopf* gelieferte ZF-Signal zeitrichtig in den *Hauptsignalpfad* zu übergeben. Die sparsamste Möglichkeit wäre, die individuellen Kanäle einfach über ein Addiernetz zusammenzuführen. Das ist jedoch nicht praktikabel, weil der (oder die) jeweils kein Signal liefernde(n) Kopf (Köpfe) das Signal/Rauschverhältnis verschlechtern.
Es ist deshalb eine *Kopfspurumschaltung* erforderlich, die synchron mit der Kopfraddrehzahl arbeitet. Wir wollen anhand von Bild 5.42 das Überlappungsverhalten einer Zweispuranlage studieren und sehen, welche Forderungen sich daraus an die

Spurumschaltung herleiten lassen. Sie lassen sich auf Quadru-
plexsysteme sinngemäß übertragen.

In Bild 5.42a ist der Signalverlauf skizziert, wenn der Umschlingungswinkel α kleiner als 180° ist. Es entstehen ZF-
Lücken, die sich auf dem Bildschirm als verrauschte Zeilen
darstellen.
In Fall 5.42b ist zwar eine genügend große Überlappung gegeben, aber die Signaladdition im Zeitraum ü führt unvermeid-
lich zu Überlagerungen der Einzelsignale, für die Amplituden-
und Phasenfehler zu erwarten sind.
Bild 5.42c zeigt die ideale Spurumschaltung. Sie muß, um auf
dem Monitor unsichtbar zu sein, *während des Zeilenrücklaufs*
innerhalb weniger Mikrosekunden erfolgen. Für unsegmentierte

Aufzeichungen (s.a. Ab-
schnitt 5.2.3) geschieht
das während des ohnehin un-
kritischen Bildrücklaufs.
Bei segmentierter Aufzeichnung, wie sie im Quadru-
plex und bei einigen
Schrägspurstandards üblich
ist, muß man dafür Sorge
tragen, daß weder der Zei-
lensynchronimpuls noch der
Farbburst beeinträchtigt
werden. Eine Möglichkeit
besteht darin, während der
etwa 1,5µs breiten vorde-
ren Schwarzschulter zu
schalten.

Bei Zweikopfanlagen ist nur
eine 2-auf-1- Umschaltung
erfoderlich. Querspur-
aufzeichnung erfordert
einen 4-auf-1-Demulti-
plexer. Wie wir

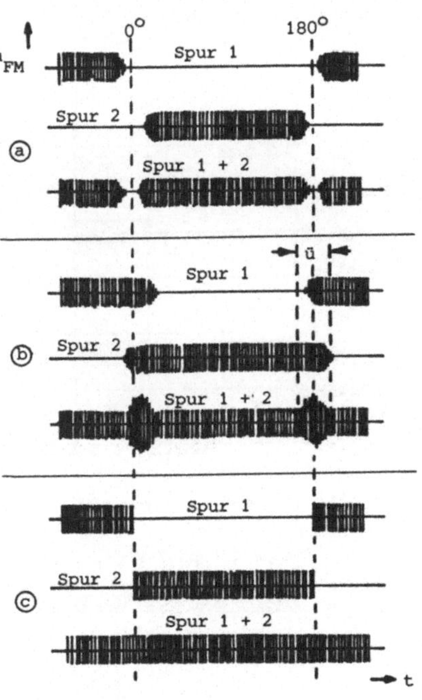

Bild 5.42: Überlappung und
Spurumschaltung

aus Bild 5.43 entnehmen können, geschieht das Schalten in 2
Stufen. Das ist insofern vorteilhaft, weil die 4-auf-2-Um-
schaltung unkritisch ist, wenn man zunächst das Signal zweier gegenüberliegender Köpfe zusammenfaßt. Das Schalten geschieht, während sich die betreffenden Köpfe gerade nicht in
Bandkontakt befinden (Bild 5.43). Für die anschließenden 2-
auf-1-Schalter gelten die oben angestellten Überlegungen.

5.4.2.3. Dropout-Kompensation

Unter einem *Dropout* versteht man den unerwünschten und zufäl-
ligen Verlust der Wiedergabespannung eines Kopfes für eine
bestimmte Zeitdauer. Als Dropout gewertet wird beispielsweise
ein Amplitudeneinbruch der FM-ZF von *mehr als 15 dB* über eine
Zeitdauer von *mehr als 3μs*.

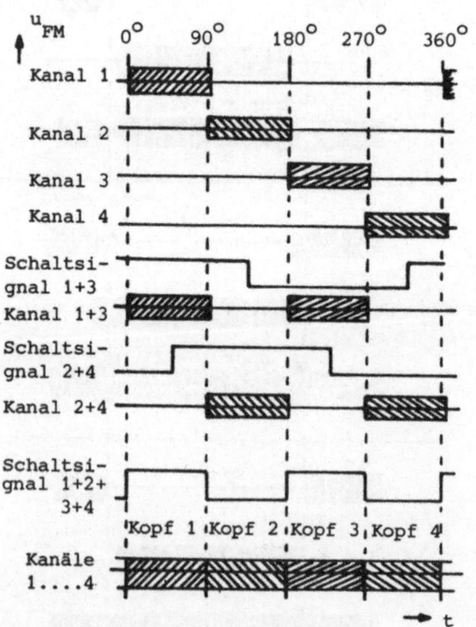

Bild 5.43: Spurumschaltung
bei Quadruplex

Mögliche Ursachen für
Dropouts sind vorwiegend
im Kopf-Band-System zu
suchen, und zwar in man-
gelndem Kopf-Band-Kontakt
während der Aufzeichnung
oder der Wiedergabe, her-
vorgerufen durch

- Staub- oder Schicht-
  abriebpartikelchen
  auf dem Band

- unkorrekten Bandzug
  und damit fehlerhaften
  Kopfandruck

- mechanische Verformung
  des Bandes durch un-
  sachgemäße Behandlung,
  (Knickfalten, Krumpfen
  an den Rändern durch
  falsches Wickeln oder

durch falsche Lagerung usw).

Zur Beseitigung von Dropouts benötigen wir zwei Funktionen,
die an unterschiedlichen Stellen im Signalpfad wirksam sein
können

- *Dropoutdetektion*
- *Dropoutkompensation.*

Die *Dropoutdetektion* geschieht in der Regel im FM-ZF-Bereich,
indem ein Schwellwertdiskriminator prüft, ob die ZF-Amplitude
einen bestimmten kritischen Wert unterschreitet. Ist dies der
Fall, so liefert der Detektor für die Dauer des Dropouts ein
bestimmtes Signal.
Für die *Dropout-Kompensation* geht man von der praktisch immer
erfüllten Annahme aus, daß die Videoinhalte zweier aufeinanderfolgender Zeilen sich nur wenig unterscheiden. Speichert
man also den Inhalt einer Zeile, so läßt sich entsprechend
Bild 5.44 eine relativ einfache Schaltung realisieren, bei

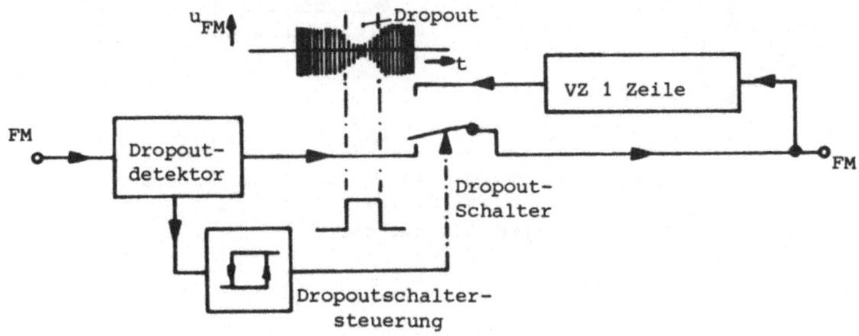

Bild 5.44: Dropout-Kompensator in der FM-ZF-Lage

der die Kompensation *in der ZF-Lage* stattfindet. Für die Dauer des Dropouts wird das Signal aus der Verzögerungsleitung
VZ übernommen. VZ kann eine preisgünstige analoge Ultra-
schallverzögerungsleitung sein, wie sie aus der Farbfernsehtechnik bekannt ist. Die Anordnung hat zusätzlich den Vorteil, daß auch Dropouts, die länger als eine Zeile dauern,
dadurch kompensiert werden, daß die einmal im Speicher be-

findliche Information solange umläuft, bis die Störung beendet ist. Nachteilig bei diesem Konzept ist, daß bei FBAS-Aufzeichnung Luminanz- und Chrominanzinformation nicht getrennt voneinander vorhanden sind. Das führt bei PAL insofern zu Problemen, weil die V-Komponente einen zeilenfrequenten Polaritätswechsel aufweist (s.a. TSS 77 "Farbfernsehtechnik").

Die zweite Möglichkeit der Dropoutkompensation besteht darin, die Korrektur *im Video-Basisband* vorzunehmen. Bild 5.45 zeigt hierfür ein Ausführungsbeispiel, das auch PAL verarbeitet. Das FBAS-Signal wird nach der Demodulation in Luminanz- und Chrominanzanteil aufgeteilt. Das Chrominanzsignal F ist noch

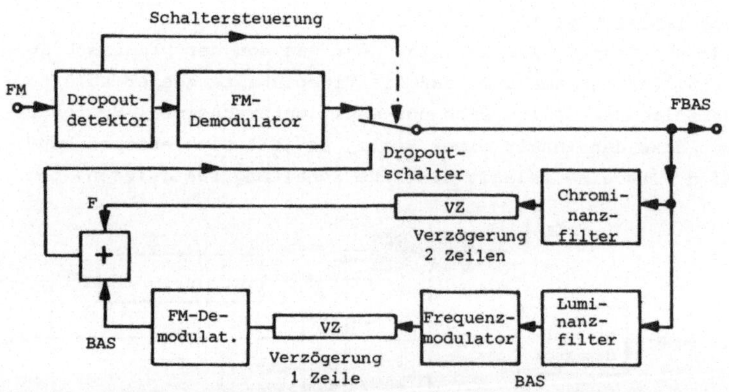

Bild 5.45: Dropout-Kompensator, PAL-tüchtig

farbträgerfrequent (4,43 MHz) und kann mit einer Quarz-Ultraschalleitung um 2 H verzögert werden. Das BAS-Signal wird wieder frequenzmoduliert, dann in einer Ultraschalleitung um 1 H verzögert und demoduliert. Der Umweg über die Modulation/ Demodulation ist erforderlich, weil das Übertragungsverhalten der Quarzleitung für tiefe Frequenzen völlig unzureichend ist und das BAS-Basisband bekanntlich Komponenten mit f = O enthält.

Der Einsatz der *Digitaltechnik* ermöglicht inzwischen elegantere Lösungen. So gibt es Konzepte, bei denen die Dropout-

Kompensation mit der *Zeitbasiskorrektur* (TBC, s.a. Abschnitt 5.5, speziell 5.5.4) kombiniert wird. Die digitalisierten Luminanz- und Chrominanzanteile werden zwischengespeichert und lassen sich mit beliebigen Verzögerungen wieder abrufen. Die Steuerung über den Dropoutdetektor bleibt im Prinzip erhalten.

5.4.2.4. FM-Demodulator

Die aus der UKW- oder Fernsehrundfunkübertragung bekannten FM-Demodulatorprinzipien (z.B. Ratiodetektor, Produktdemodulator) genügen bei weitem nicht den Anforderungen, die hier bei der Video-FM-Demodulation gestellt werden. Zum einen erreichen sie nicht die über den Hubbereich von ca. $\pm$ 1 MHz benötigte Linearität (bei UKW beträgt der Hub $\pm$ 75 kHz und beim Fernsehen $\pm$ 50 kHz), und zum anderen ist das Verhältnis von Trägerfrequenz zu höchster Modulationsfrequenz bei Video-FM wesentlich ungünstiger (Beispiel: UKW-ZF 10,7 MHz, Fernseh-ZF 5,5 MHz bei f_{NFmax} = 15 kHz gegenüber f_{sync} = 5,5 MHz bei f_{BASmax} = 5 MHz im LOW-BAND-Standard). Deshalb müssen die Tiefpaßfilter nach dem Demodulator zur Beseitigung der Trägerreste aus der Nutzinformation sehr viel steilere Flanken haben.

Bei FM steckt die Information in der *Zahl der Nulldurchgänge des modulierten Trägers pro Zeiteinheit.* Die Demodulation kann also dadurch erfolgen, daß man die Nulldurchgänge zählt. Aus diesem Grunde wird das für die Video-FM-Demodulation weit verbreitete Verfahren auch als *Zähldiskriminator* bezeichnet. Bild 5.46 zeigt das Prinzip. Es lassen sich 4 wesentliche Si-

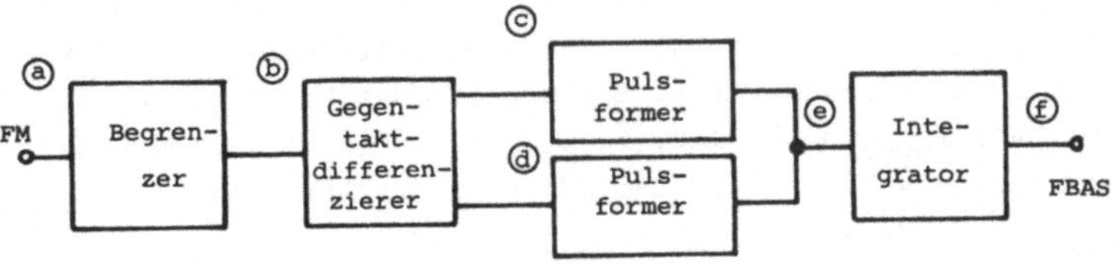

Bild 5.46: Prinzip des Zähldiskriminators

gnalverarbeitungsschritte unterscheiden, für die in Bild 5.47
typische Kurvenformen dargestellt sind.

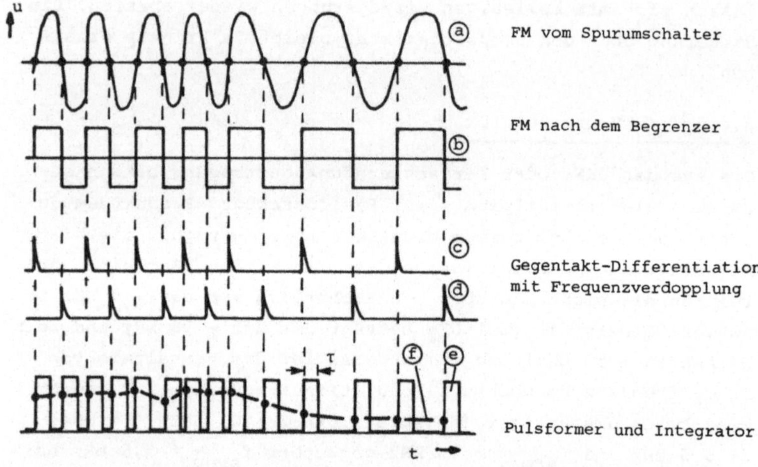

Bild 5.47: Typische Signalverläufe beim Zähldiskriminator

Zunächst erfolgt im *Begrenzerverstärker* eine Umformung des
sinusförmigen FM-Signals in ein Rechtecksignal (Kurven (a)
und (b)). In einem *Gegentaktdifferenzierer* werden die anstei-
genden und abfallenden Flanken detektiert und als Nadelimpul-
se auf je einen Pulsformer gegeben (Signale (c) und (d)). Die
Pulsformer erzeugen daraus schmale *Rechteckimpulse mit Dauer*
τ. *Deren Frequenz* ist gegenüber der FM *verdoppelt* (Kurve
(e)). Das bietet den Vorteil, daß bei der anschließenden *In-
tegration* (Tiefpaßfilterung, Kurve (f)), die Beseitigung der
Trägerreste einfacher ist. Bezogen auf das Beispiel von oben
(LOW BAND f_{sync} = 5,5 MHz, f_{BASmax} = 5 MHz) ergibt sich durch
die Frequenzverdopplung eine Erhöhung des Abstandes f_{sync} -
f_{BAS} = 0,5 MHz auf $2f_{sync} - f_{BAS}$ = 6MHz.
Die Dauer τ der Rechteckimpulse bestimmt die *obere Grensfre-*
quenz f_o des Demodulators. Für $f = f_o$ folgen die Impulse dhne
Zwischenraum aufeinander, und es gilt demnach

$$f_O = \frac{1}{2 \cdot \tau} \, . \tag{5.32}$$

Wählt man z.B. τ = 20 ns, so ergibt sich f_O = 25 MHz.

5.4.2.5. Video-Deemphasis

Nach der Demodulation muß das Videosignal der *Deemphasis* unterzogen werden, um die Preemphasis vor der FM (s.a. Abschnitt 5.3.3.6) rückgängig zu machen. Die Deemphasis-Charakteristik ist reziprok zur Preemphasis und wird als ein passives RC-Netzwerk definiert. Es ist in den Bildern 5.17 und 5.48 dargestellt. Die Eckfrequenzen sind identisch mit denen der Preemphasis, und die zugehörigen Zeitkonstanten haben die Werte

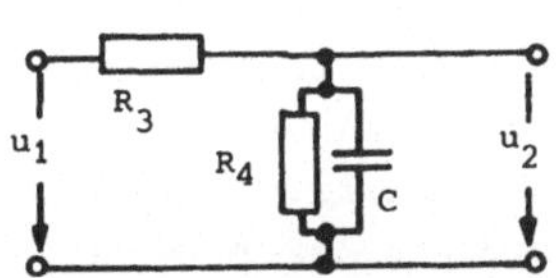

$$T_1 = \frac{R_3 \cdot R_4}{R_3 + R_4} \cdot C \tag{5.33}$$

$$T_2 = R_4 \cdot C \, . \tag{5.34}$$

__Bild 5.48:__ Videodeemphasis

5.5. Zeitfehlerausgleich (Time Base Correction, TBC)

5.5.1. Allgemeines

Magnetische Bildaufzeichnungsgeräte sind generell mit *Zeitfehlern* behaftet, deren Wirkung man in 2 große Gruppen einteilen kann. Die eine bezieht sich nur auf das Gerät allein (*Stand-alone*-Betrieb) und die andere auf den Betrieb innerhalb eines größeren Verbundes, z.B. im Studio (*Intersync*-Betrieb).

Ursachen für Zeitfehler sind begründet in Toleranzen der Kopf-Band-Kinematik und der Geometrie der Abtastung. Beispiele sind

- *Kopfgeometriefehler* (Quadraturfehler bei Quadruplex, Fehlwinkel bei 2-Kopfanordnungen usw.)

- *geometrische Verzerrung des Bandes*
  (zu großer oder zu kleiner Bandzug, falscher Band-Kopf-
  Kontaktdruck, fehlerhafte Bandführung)

- *mechanische Lastwechsel* (Hochlauf usw.)

- Toleranzen in der *Kopf-* und *Bandgeschwindigkeit*, insbesondere bei Helical-Scan-Recordern.

Abgesehen von diesen ungewollten, aber unvermeidlichen Zeitfehlern müssen bei den Verfahren, die mit Zeitkompression von
Signalen während der Aufnahme arbeiten (s.a. Abschnitte
5.3.6 bis 5.3.8), zusätzliche *Zeittransformationen* während
der Wiedergabe durchgeführt werden.

Die Anforderungen an die Zeitfehler-Ausgleichseinrichtungen
(TBC) sind für Schwarzweiß- und Farbwiedergabe unterschiedlich. Für *monochrome* Wiedergabe genügt beispielsweise eine
zeilenweise Bildkorrektur, während man bei *Farbwiedergabe*
(PAL, NTSC) eine *phasenrichtige* Restaurierung des Farbträgers 4,43 MHz benötigt.

Es existieren je nach Schaltungstechnik

- *analoge* TBC
- *digitale* TBC.

Darüber hinaus werden verschiedenartige Verfahren im professionellen und im Heimvideobereich verwendet, die sich im Aufwand wesentlich unterscheiden.

5.5.2. Analoger Zeitfehlerausgleich für monochrome Wieder-gabe bei professionellen Geräten

Im Prinzip besteht ein analoger Time-Base-Corrector in einer
einfachen Version aus einer *spannungsgesteuerten analogen
Verzögerungsleitung* entsprechend Bild 5.49.
Sie erzeugt in dem Falle, daß das vom Band kommende BAS-Signal keinen Zeitfehler *(Jitter)* hat, eine *konstante Verzögerungszeit (Null-Verzögerung)* in der Größenordnung von etwa 3 µs.

Besitzt das unkor-
rigierte BAS-Si-
gnal einen Jit-
ter, so kann die-
ser in gewissen
Bereichen (z.B.
$\pm 0,3$ µs)mit der
in Bild 5.49 ge-
zeigten Anordnung
korrigiert werden,
wobei ein Restfeh-
ler von 10 ...
20 ns verbleibt.
Die Korrektur er-
folgt, indem der

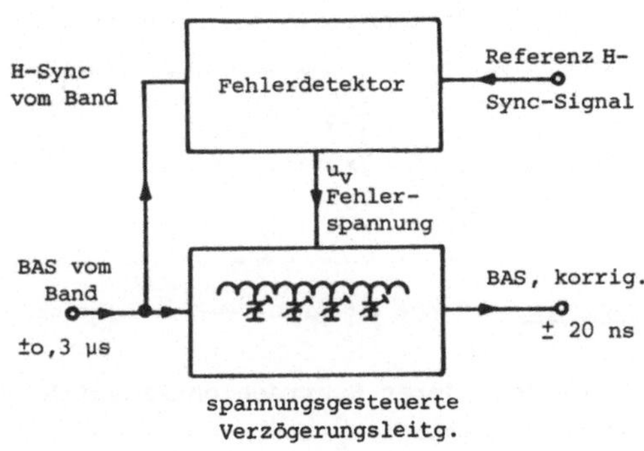

Bild 5.49: Prinzip des analogen TBC

H-Sync des unverarbeiteten BAS-Signals mit einem stabilen
H-Referenz-Sync verglichen wird, der entweder aus einer Takt-
zentrale stammt (Fremdführung) oder als Mittelwert aus der
laufenden Wiedergabe gewonnen wird (Eigenführung). Das resultierende Fehlersignal kann analog oder digital sein; es steuert die Verzögerungsleitung so, daß sie zusätzlich eine *varia-
ble Verzögerungszeit* erzeugt, die den Jitter gerade kompensiert. Das Fehlersignal stellt die Regelgröße und die Verzögerungsleitung die Regelstrecke dar.

Die Anordnung nach Bild 5.49 ist keine vollständige Regel-
schleife, sondern nur in Bezug auf den H-Sync. Sie setzt voraus, daß die Steuerfunktion zwischen Fehlerspannung und Verzögerungsleitung exakt bekannt und sehr stabil ist. Sie ist
nicht in der Lage, die im *Laufe einer Zeile* eventuell noch
auftretenden Zeitfehler zu korrigieren, die allerdings in der
Regel klein sind.
Eine Verbesserung des Systems besteht darin, daß man den Feh-
lervergleich nicht, wie dargestellt, mit dem H-Sync zu Beginn
der Zeile durchführt, sondern daß die Istwerterfassung am
Ausgang mit dem zeitkorrigierten BAS-Signal erfolgt. Das
setzt allerdings einen erhöhten Aufwand voraus.

Eine vom Prinzip her einfache Version der Verzögerungsleitung
besteht nach Bild 5.50 aus einem *LC-Kettenleiter*, wobei anstelle von Festkondensatoren *Silizium-Varicapdioden* verwen-

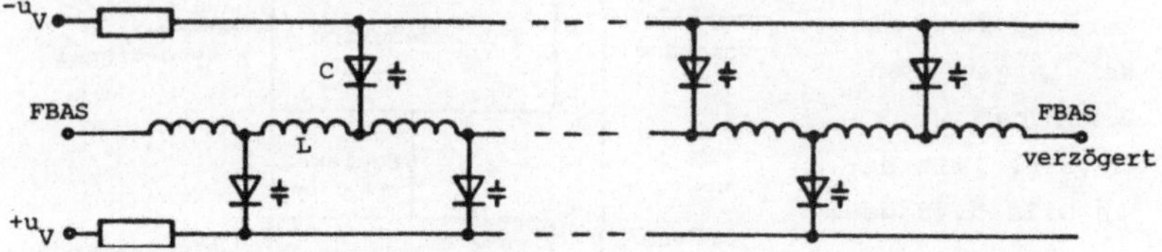

Bild 5.50: Analoge Varicapdioden-Verzögerungsleitung, schematisch

det werden, deren Sperrschichtkapazität C_s nichtlinear von
der Sperrspannung u_s abhängt

$$C_s = k/ \sqrt[n]{u_s} \qquad (5.35)$$

k = Proportionalitätsfaktor, n = Materialkonstante (n = 2...3).

Für die Verzögerungszeit t_d eines einzelnen LC-Gliedes können wir schreiben

$$t_d = \sqrt{LC_s} = \sqrt{L} \cdot \sqrt{C_s} = \sqrt{k \cdot L}/\sqrt[2n]{u_s} \; . \qquad (5.36)$$

Nach Gleichung (5.36) ist die Verzögerungszeit t_d umgekehrt
proportional der (2n)-ten Wurzel der Sperrspannung u_s. Um
also eine lineare Korrektur des Zeitfehlers zu erhalten, benötigen wir eine Steuerspannung u_v, für die gilt

$$u_v \sim t_d^{2n} \; . \qquad (5.37)$$

Bei üblichen Varicapdioden gilt n = 2,

also $\qquad u_v \sim t_d^4 \; . \qquad (5.38)$

Für die eingangs erwähnte Verzögerungszeit von $3 \pm 0,3$ µs
bedarf es einer großen Anzahl von Kettengliedern (ca. 100).

Um die nichtlineare Spannungsabhängigkeit der Kapazitäten zu kompensieren, wird, wie in Bild 5.50 skizziert, eine Gegentaktschaltung angewendet.

Da sich die Eigenschaften der Verzögerungsleitung (Wellenwiderstand, Bandbreite, Gruppenlaufzeit usw.) mit dem Arbeitspunkt (Steuerspannung u_V) ändern, ist eine Nachbereitung des laufzeitkorrigierten Videosignals erforderlich.

An den Steuerspannungsgenerator werden relativ hohe Anforderungen gestellt. Die Gesamtkapazität der Verzögerungsleitung beträgt etwa C_{ges} = 100 x 150 pf = 150 nF. Um die Leitung beispielsweise in 0,5 µs einer Spannungsänderung von Δu_V = 1 V folgen zu lassen, ist ein Innenwiderstand R_i des Leitungstreibers von

$$R_i = 0,5 \cdot 10^{-6} / (5 \cdot C_{ges}) = 0,7 \; \Omega$$

erforderlich. Dabei ist angenommen, daß der Ausgleichsvorgang nach $t = 5T = 5 \cdot R_i \cdot C_{ges}$ praktisch beendet ist.

Es ist nicht sinnvoll, Varicapverzögerungsleitungen mit mehr als 100 Gliedern auszulegen und den Korrekturbereich größer als $\pm$ 10% der Nullverzögerung zu machen. Sie sind damit auf $3 \pm 0,3$ µs beschränkt. Sollen jedoch größere Fehler korrigiert werden oder will man die TBC mit dem Dropoutkompensator (s. Abschnitt 5.4.2.3) kombinieren, so empfiehlt sich eine *binär gestaffelte, schaltbare* Verzögerungsleitung entsprechend Bild 5.51.

Die Anordnung enthält für den Grobabgleich beispielsweise 6 feste Verzögerungen mit insgesamt 63 µs, die über eine Schaltanordnung wahlweise aktiviert oder überbrückt sind und am Ende wiederum eine Varicap-Leitung für die Feinkorrektur.

5.5.3. Analoger Zeitfehlerausgleich für Farbwiedergabe bei professionellen Geräten

Wie bereits erwähnt, verbleiben bei der TBC nach Abschnitt

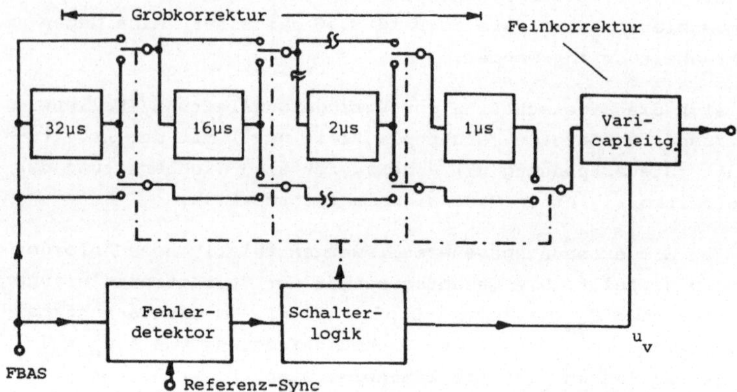

Bild 5.51: Binär quantisierte Verzögerungsleitung mit Feinkorrektur

5.5.2 Restfehler in der Größenordnung von 10 ... 30 ns. Bezogen auf die Farbträgerfrequenz 4,4 MHz entspricht das einem Phasenwinkelfehler von etwa 30°. Dieser Wert ist für NTSC und PAL nicht tragbar, so daß eine zusätzliche *Chroma-TBC* erforlich ist. Sie muß in der Lage sein, Phasenfehler des Farbträgers von $\pm$ 180° bis auf einen Restfehler von etwa $\pm$ 2,5 ns $\hat{=}$ $\pm$ 3° zu korrigieren. SECAM ist wegen der Verwendung von FM für die Farbdifferenzsignalübertragung nur in geringem Maße gegenüber Zeitbasisfehlern anfällig. Hier genügt die Stabilität der monochromen Zeitbasiskorrektur. Wir sehen hier einen wesentlichen Vorteil von SECAM bei der Magnetbandaufzeichnung und -wiedergabe. Das Prinzip einer analogen farbtüchtigen TBC für professionellen Einsatz zeigt Bild 5.52. Die Korrektur erfolgt in 3 Stufen

- Im *Capstan-* und *Kopfradservo* (s.a. Kapitel 6) wird das vom Band kommende Synchronsignalgemisch (H- und V-Sync) verglichen mit einer stabilen Referenz (Studiotakt oder Eigenführung). Im Sync-Komparator gewinnt man die zur Regelung der Bandgeschwindigkeit und der Kopfraddrehzahl notwendigen Stellgrößen. Der verbleibende Jitter beträgt noch

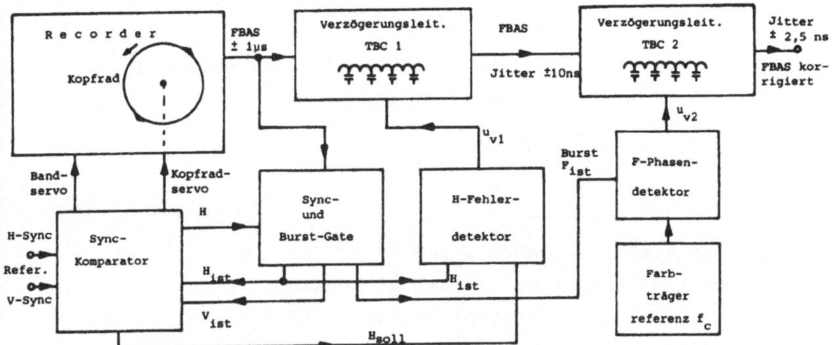

<u>Bild 5.52:</u> Prinzipschaltung einer farbtüchtigen TBC :

etwa $\pm$ 1 µs. Das Wiedergabesignal wird hier mit dem stabilen V- bzw. H-Sync *"verriegelt"*, wir sprechen deshalb vom *"V-lock"* bzw. *"H-lock"* (to lock, englisch: verriegeln).

- Die nachfolgende TBC-Stufe arbeitet in der bereits im letzten Kapitel besprochenen Weise. Sie stabilisiert das FBAS-Signal zeilenweise mit einer Genauigkeit von etwa $\pm$ 10 ns. Das liegt in der Größenordnung der Dauer der *einzelnen Bildpunkte* (englisch: pixel) und deshalb spricht man hier auch vom *"Pixellock"*.

- Die Wirkungsweise der letzten TBC ist unterschiedlich, je nachdem, welches Farbfernsehsystem vorliegt. Bei NTSC und PAL wird die *Phase* des vom Band kommenden *Farbträgerburst* verglichen mit einem Referenzfarbträger (Fremd- oder Eigenführung) und entsprechend nachgeregelt (*"Phaselock"*-Technik). Bei Geräten, die für die 3 Farbfernsehsysteme NTSC, PAL und SECAM gleichermaßen geeignet sind, muß dafür gesorgt werden, daß

  - bei NTSC oder PAL der Burst erkannt wird und daß
  - bei SECAM die zeilenfrequent wechselnden Farbträger FoB = 4,25 MHz und FoR = 4,4 MHz identifiziert werden.

Im Fall von SECAM erhält die Verzögerungsleitung TBC 2
eine feste Vorspannung, so daß das FBAS-Signal eine konstante Verzögerung hat (Bild 5.52).

Bezüglich der Unterschiede der 3 Farbfernsehsysteme sei auf
TSS 77 "Farbfernsehtechnik" verwiesen.

5.5.4. Digitaler Zeitfehlerausgleich

5.5.4.1. Allgemeines

Mitte der siebziger Jahre wurde die Technologie hochinte-
grierter digitaler Schaltkreise so leistungsfähig, daß *digitale Timebase-Korrektureinrichtungen* (DTBC) zum Einsatz kamen. Sie erfordern zwar die *Analog/Digital-*(A/D)-Wandlung des
FBAS-Signals im Eingang und *Digital/Analog-*(D/A)-Wandlung im
Ausgang, haben aber den entscheidenden Vorteil, daß das Digi-
talsignal, wenn es einmal vorliegt, nicht ständig regeneriert
werden muß, wie das bei analogen TBC der Fall ist. Die für
DTBC typischen Verzerrungen ergeben sich aus der A/D- und
D/A-Wandlung und lassen sich beim Systementwurf genau vorher-
bestimmen.

Es existiert eine Vielzahl von verschiedenen Verfahren. Sie
funktionieren jedoch alle nach dem gleichen Prinzip, und wir
können folgende Schritte der Signalverarbeitung unterscheiden:

- A/D-Wandlung und Zwischenspeicherung des Videosignals mit
  einem *Takt*, der aus der *zeitfehlerbehafteten Bandwieder-
  gabe* hergeleitet ist.

- Auslesen und D/A-Wandlung des Digitalsignals mit einem
  Takt, der aus einer *zeitstabilen Referenz* (z.B. Studiotakt) stammt.

Wie bei der analogen TBC gibt es auch hier 3 Stufen der Zeit-
korrektur, die allerdings aufgrund der Eigenheiten der digitalen Verarbeitung in der Regel entgegengesetzt zur analogen
TBC aufeinander folgen:

- *Phasenfehlerkorrektur* von Zeitfehlern, die innerhalb der digitalen Abtastperiode liegen

- *Grobkorrektur* von Zeitfehlern, deren Größe zwischen der
  Abtastperiode und der Zeilendauer liegen

- *Kopf- und Bandgeschwindigkeitskorrektur* von Zeitfehlern
  in der Größenordnung der Zeilendauer.

5.5.4.2. Analog/Digital-Wandlung

Die Qualität der Analog/Digitalwandlung wird im wesentlichen
durch 2 Systemparameter bestimmt.

- Die *Abtastrate* (Samplingrate), also die Anzahl der Meß-
  werte pro Zeiteinheit, ist ein Maß für die *zeitliche Auflösung* des Signals und damit für die obere Grenzfrequenz.

- Die *Anzahl der bit* (Wortlänge oder Bitrate) des digitalen
  Meßwertes ist ein Maß für die Zahl der Amplitudenstufen
  und damit für den *Quantisierungsfehler*.

<u>Abtastrate:</u> Das *Samplingtheorem von Shannon* fordert, daß ein
Signal der Frequenz f mindestens *zweimal pro Periode* abgetastet werden muß, damit es bei der D/A-Wandlung einwandfrei re-
konstruiert werden kann.

Bezogen auf die höchste Videofrequenz von 5 MHz bedeutet das
eine Samplingfrequenz von 10 MHz. In der Praxis ist es sinnvoll, für die Abtastfrequenz f_s ein Vielfaches der Farbträgerfrequenz f_c zu wählen. Hierbei wird in der Regel das Drei-
fache gewählt; also gilt für PAL mit f_c = 4,4336 1875 MHz

$$f_s = 3f_c = 13,30085625 \text{ MHz} . \tag{5.39}$$

<u>Wortlänge:</u> Für die Signalverarbeitung ist nur der eigentli-
che Videoanteil von Interesse. Bild 5.53 zeigt die schemati-
sche Zuordnung der Digitalwerte zu den analogen Spannungspe-
geln, wobei man in der Praxis eine gewisse Reserve unterhalb
des Schwarz- und oberhalb des Weißpegels vorsieht.
Hat man als Wortlänge *k bit*, so beträgt die *Zahl der Amplitudenstufen*

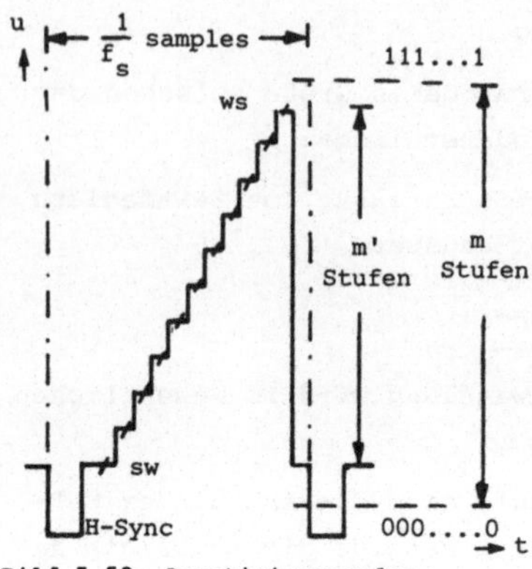

Bild 5.53: Quantisierung des Videosignals, schematisch

$$\boxed{m = 2^k} \quad . \quad (5.40)$$

In der Praxis finden wir häufig k = 8 bit, also m = 256. Davon entfallen auf den eigentlichen Videobereich größenordnungsmäßig m' = 180. Hiermit lassen sich die Quantisierungsfehler des Luminanzsignals in zufriedenstellenden Grenzen halten. Auf die Schaltungstechnik der A/D-Wandler können wir im Rahmen dieses Skriptums nicht näher eingehen.

5.5.4.3. Digitale Phasenfehlerkorrektur

Die *digitale Phasenfehlerkorrektur* bezieht sich, wie oben bereits erwähnt, auf Zeitfehler, die innerhalb der digitalen Abtastperiode liegen. Da die Samplingfrequenz mit der Farbträgerfrequenz verkoppelt ist, läßt sich beispielsweise die

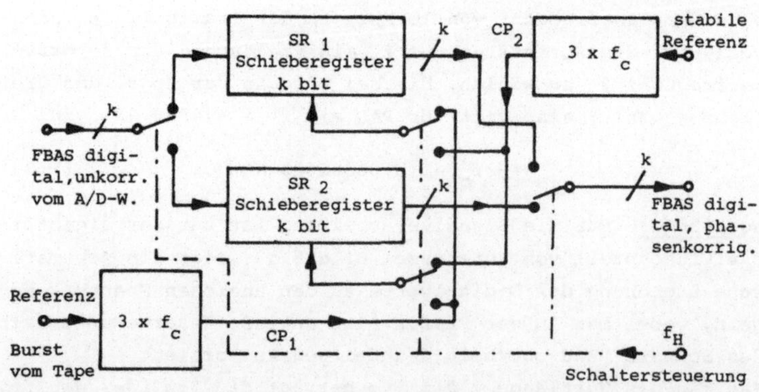

Bild 5.54: Prinzip der Phasenfehlerkorrektur mittels Zeilenspeicher

Phasenkorrektur nach Bild 5.54 einfach dadurch erzielen, daß
man die Digitalworte mit einem Takt CP_1, der aus dem zeitfehlerbehafteten Burst vom Band hergeleitet wird, in ein Schieberegister SR_1 einliest. Gleichzeitig wird die vorhergehende
Zeile aus einem zweiten Schieberegister SR_2 mit dem stabilen
Referenztakt CP_2 ausgelesen. Nach Beendigung einer Zeilendauer wird die Funktion der Register und der Schiebetakte umgeschaltet. Mindestens 2 Register werden deshalb benötigt, weil
ein gleichzeitiges Ein- und Auslesen mit einem Register nicht
möglich ist. Bei dieser Technik benötigen die Register eine
Speicherbreite von k bit und eine *Speichertiefe z*, die sich
aus der Dauer der aktiven Zeile τ' und der Samplingfrequenz
f_s ergibt. Mit f_s = 13,301 MHz erhält man für die EBU-PAL-
Norm (τ' = 52 µs) als Speichertiefe $z = \tau' \cdot f_s$ = 792. Handelsübliche 1 k x 8 bit-Schieberegister reichen hier also
aus.

Da der Burst vom Band nur für etwa 4 µs zur Erfassung der
Phase zur Verfügung steht, muß durch entsprechende Schaltungen sichergestellt sein, daß während der übrigen Zeilendauer
dieser Bezugswert für die Abtastfrequenz erhalten bleibt.
Tritt *während der Zeilendauer eine Änderung des Zeitfehlers*
auf, so wird sie nicht mehr korrigiert.

5.5.4.4. Digitale zeilenfrequente Grobkorrektur

Für die *digitale Grobkorrektur*, bei der Zeitfehler in der
Größe einer Zeilendauer auftreten, läßt sich ebenfalls die in
Bild 5.54 dargestellte Anordnung verwenden, wenn man sie um
einen *dritten Zeilenspeicher erweitert*. Dadurch wird sichergestellt, daß immer ein freies Register verfügbar ist, unabhängig davon, welche Phasenbedingungen zwischen den H-Synchronsignalen vom Band und von der Referenz herrschen.

Da zwischen Farbträger und den H- und V-Synchronsignalen ein
Bildungsgesetz besteht, das bei PAL z.B. gegeben ist durch
einen Viertelzeilenoffset $\frac{1135}{4} f_H + \frac{1}{2} f_V$ (s.a. TSS "Farbfernsehtechnik"), und andererseits die Register eine ganzzahlige Anzahl von Speichern enthalten, kann eine Drift zwischen den

Bildelementen (Pixeln) und den zugeordneten Speicheradressen
entstehen, die zu einem sichtbaren Bildfehler führen. Man
kann dies jedoch auf verschiedene Arten vermeiden, z.B. indem
man als Sampling- und Schiebetakt eine Frequenz wählt, die
ein exaktes Vielfaches der Bildfrequenz f_V darstellt und möglichst in der Nähe von f_s aus Abschnitt 5.5.4.3 liegt.

Anstelle von Schieberegistern kann man auch *Speicher mit
wahlfreiem Zugriff* (Random Access Memory, RAM) verwenden. Sie
bieten den Vorteil, daß jede Speicherzelle einzeln ein- und
auch ausgelesen werden kann. Organisiert man den Speicher so,
daß die Pixelwerte vom Band mit aufsteigender Adreßfolge zyklisch eingelesen werden, so läßt sich die Zeitfehlerkorrektur erreichen, indem man den *Zeitbasisfehler* umsetzt in eine
Adressendifferenz. Nach dem Einlesen eines Pixels folgt unmittelbar das Auslesen des Pixels, dessen Adresse sich aus
der des gerade eingelesenen, verändert um die Adressendifferenz, ergibt. Da Schreiben und Lesen pro Samplingperiode
($1/f_s$) je einmal erfolgen, muß der Speicher eine sehr kleine
Zugriffszeit haben. Die Bitrate läßt sich jedoch herabsetzen,
wenn man beispielsweise je 3 Worte von 8 bit zu einem neuen
Wort von 24 bit zusammenfaßt. Damit wird die Schreib-Lesefre-
quenz auf f_c reduziert. Bild 5.55 zeigt ein Schaltungsbei-
spiel für einen PAL-Grobkorrektor mit RAM.

In einem *Serien/Parallelumsetzer* werden 3 aufeinanderfolgende
8 Bit-Worte in ein 24 Bit-Wort umgesetzt. Der *Schreibadreß-
zähler* wird zyklisch mit f_c getaktet. Gleichzeitig ermittelt
der Zeitfehlerdetektor den Zeitfehler (als Anzahl von Perio-
den von f_c) und setzt ihn in eine Adressendifferenz um. Sie
wird beim Lesen in der *Subtrahierstufe* verarbeitet. Die
Schaltung läßt sich zum Dropout-Kompensator (s.a. Abschnitt
5.4.2.3) erweitern. In diesem Falle ist es sinnvoll, das
Dropout-Bit ebenfalls zeitzukorrigieren und als Bit 25 mit
durchlaufen zu lassen. Der Speicherbereich des RAM wird nicht
voll ausgenutzt; ein Speicher mit 256 Plätzen (die nächst-
kleinere Einheit) wäre allerdings zu klein.

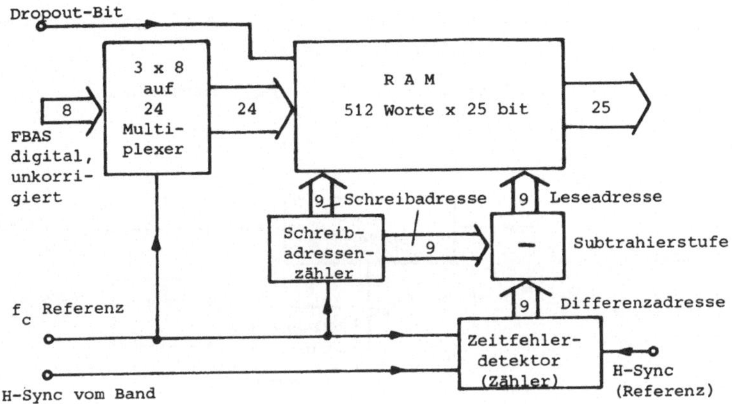

Bild 5.55: Grobkorrektur mit RAM, schematisch

5.5.5. Zeitfehlerausgleich bei Colour-Under-Verfahren

Beim *Colour-Under-Verfahren* wird die Chrominanzinformation F,
wie im Abschnitt 5.3.5 bereits erläutert, vor der Aufzeichnung aus dem FBAS-Signal herausgefiltert und auf einen Farbträger f_{cu} umgesetzt, der unterhalb des FM-Übertragungsbandes
des Luminanzsignals liegt (s.a. Bild 5.22). Hier wirkt die
Luminanz-FM als *Vormagnetisierung* für das quadraturamplitudenmodulierte F-Signal, wodurch dieses eine gute Amplituden-
linearität erhält (s.a. HF-Vormagnetisierung, Abschnitt 3.1).

Der neue Farbträger f_{cu} ist mit dem Originalfarbträger f_c
(und deshalb auch mit der Zeilenfrequenz f_H) über ein festes
Teilerverhältnis verkoppelt. Das erklärt auch die ebenfalls
gebräuchliche Bezeichnung LIR-Verfahren (LIne-Referenz). (Beispiele: VHS-System f_{cu} = 40,125 f_H, VCR-System f_{cu} = 36 f_H).
Für die Wiedergabe besteht das Problem bei PAL und NTSC nun
darin, die vom Band kommende, zeitfehlerbehaftete, f_{cu}-trä-
gerfrequente Farbinformation in ein zeitkorrigiertes, f_c-
trägerfrequentes F-Signal zurückzuverwandeln. Man bezeichnet

diesen Vorgang als *phasenrichtige Farbträgerrückgewinnung*
APC (<u>a</u>utomatic <u>p</u>haselocked <u>c</u>onversion). Hierfür gibt es eine
große Vielfalt von Schaltungsvarianten.

Bild 5.56 zeigt ein Beispiel für die PAL-Chroma-APC.

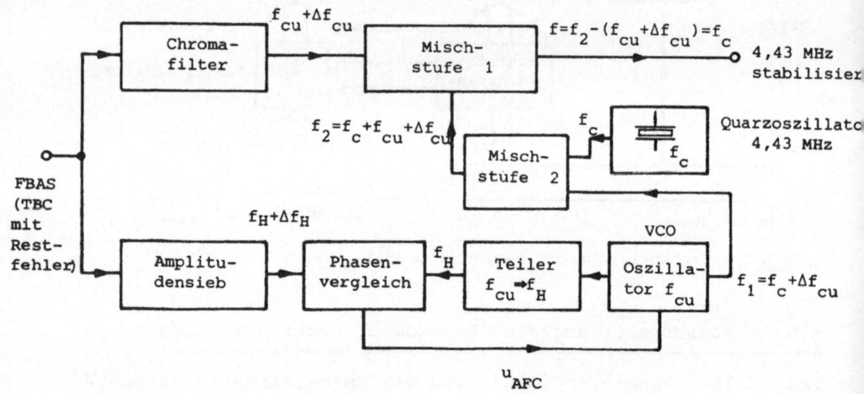

<u>Bild 5.56:</u>   PAL-Chroma-APC

Grundgedanke der Schaltung ist, daß Chroma- und H-Sync denselben Zeitfehler Δt haben. In einem spannungsgesteuerten
Oszillator (VCO) wird ein Sinus erzeugt, dessen Momentanfrequenz f_1 in einer PLL-Schleife auf $f_{cu} + \Delta f_{cu}$ geregelt wird.
Er besitzt also denselben Zeitfehler wie das Chromasignal.
In der Mischstufe 2 wird f_1 mit dem quarzstabilisierten PAL-
Referenzträger f_c = 4,43 MHz aufwärtsgemischt, und es entsteht das *Summensignal* $f_2 = f_c + f_1 = f_c + f_{cu} + \Delta f_{cu}$. Diese Frequenz dient nun wiederum als Signal für Mischstufe 1,
wo f_2 mit der Chromainformation abwärtsgemischt wird. Daraus resultiert die Differenz $f_c = f_2 - (f_{cu} + \Delta f_{cu})$ und damit das zeitfehlerkorrigierte f_c-trägerfrequente Chromasignal F. Es kann mit dem BAS-Signal zum FBAS-Signal zusammengesetzt werden, sofern es z.B. lediglich für den Betrieb ei-

nes Heim-Monitors bestimmt ist. Hier sind kleine Zeitfehler
im BAS-Signal tolerabel. Für Studiozwecke würde dieses relativ einfache Prinzip nicht ausreichen.

6. Grundlagen des Band- und Kopfradantriebes

6.1. Allgemeines

Im Abschnitt 5.5 haben wir bereits erörtert, welch große Bedeutung der Zeitstabilität des magnetischen Aufnahme- und
-wiedergabeprozesses zukommt.
Ein wesentlicher Grund für die Forderung nach einem hochsta-
bilen Band- und Kopftransport bei der *Aufnahme* ist die *Erzeugung* eines *exakten*, der Systemnorm entsprechenden *Spur-
bildes* auf dem Band. Das ist nicht nur wichtig für die Wiedergabe der Aufzeichnung mit *demselben* Gerät, sondern darüber
hinaus vor allem für die *Systemkompatibilität der Aufnahmen*,
das heißt, für die Austauschbarkeit von Bändern zwischen verschiedenen Geräten desselben Standards.

Die Bedeutung eines exakten Band- und Kopftransports bei der
Wiedergabe leuchtet ebenfalls unmittelbar ein, wenn man be-
denkt, daß die normgerecht erzeugte Aufzeichnung im Interesse
einer störungsfreien Wiedergabe spursynchron abgetastet werden muß. In der Film- und Kinotechnik wird der Synchronismus
zwischen Aufnahme und Wiedergabe durch die Perforation des
Films erzwungen. Der Transport erfolgt hier *formschlüssig*,
und die Synchronisation ist relativ unkritisch. Bei der au-
diovisuellen Magnetspeichertechnik wird das Band *kraftschlüs-
sig* transportiert, indem es durch *Reibung (Friktion)* zwischen der Bandantriebswelle *(Capstan)* und einer Gummiandruck-
rolle hindurchgezogen wird. Zusätzlich zu Schwankungen der
Capstandrehzahl ist also auch ein gewisser *Schlupf* zwischen
Band und Capstan denkbar.

Diese Überlegungen zeigen uns, daß wir eine Zusatzinformation
auf dem Band benötigen, die *während der Aufnahme* erzeugt wird
und damit dieselben unvermeidlichen Rest-Zeitfehler besitzt

wie die Aufzeichnung selbst und folglich in einer starren
Phasenbeziehung zu ihr steht. Wir können sie anschaulich als
"magnetische Perforation" betrachten. Sie wird realisiert in
Form einer *Steuerspur* (control track), in die ein spezieller
Kopf während der Aufnahme eine Referenzfrequenz (z.B. 250 Hz)
longitudinal - meistens an der oberen oder unteren Bandkante
- einschreibt. Die Steuerspur kann aus Platzersparnisgründen
auch in die Bandmitte über die Videospuren geschrieben werden
(s. z.B. VCR-System). Das muß jedoch so geschehen, daß sie
keine Bildstörungen verursacht. Derselbe Steuerkopf gibt bei
der Wiedergabe eine Frequenz ab, die ein genaues Maß für die
Ist-Geschwindigkeit des Bandes darstellt und deren Abweichung
von der Referenz für die Geschwindigkeitsregelung verwendet
werden kann.

Bevor wir uns mit Details befassen, wollen wir noch die Frage
erörtern, welche Genauigkeitsforderungen an die *Servosysteme*
zu stellen sind, die Kopfrad- und Bandgeschwindigkeit regeln.
Zunächst einmal sind die Anforderungen umso strenger, je professioneller das Gerät ist. Im Abschnitt 5.5 wurden hierzu
schon einige Zahlen genannt. Zum anderen hängt der zulässige
Restfehler der Geschwindigkeitsregelung auch von der *Auf-
zeichnungsgeometrie* ab. Bei der Querspuraufzeichnung wirkt
sich ein Fehler im Bandvorschub wesentlich mehr aus als beispielsweise bei einer Schrägspuraufzeichnung mit einem Spurneigungswinkel von 5°. Im ersten Falle wird die Spur nur noch
teilweise oder gar nicht mehr erfaßt, während der Spurfehler
im zweiten Falle nicht so groß ist. Dafür hat aber der Band-
geschwindigkeitsfehler bei der schwach geneigten Schrägspur
direkten Einfluß auf die Horizontal- und Vertikalfrequenz des
Wiedergabesignals. Dieser Fehler kann durch Regelung der
Kopfradgeschwindigkeit weitgehend ausgeglichen werden. Deshalb kommt bei Helical-Scan-Systemen dem Kopfradservo die
größere Bedeutung zu, und besonders einfache Heimvideosysteme
verzichten auf eine aufwendige Bandgeschwindigkeitsregelung.
Je steiler der Spurneigungswinkel ist, desto kritischer reagiert die Spurführung bei der Abtastung auf Bandgeschwindig-
digkeitsdifferenzen; desto genauer muß also die Bandgeschwin-

digkeit gehalten werden. Außerdem muß die Rotation des Kopfrades
so geregelt werden, daß zum einen die *Drehzahl* ein genau de-
finiertes Vielfaches der Capstandrehzahl bildet und daß zum
anderen die *Position* der Köpfe relativ zum Band (also die
Phase) exakt stimmt. Für die Erfassung des Istzustandes von
Drehzahl und Phase besitzen Kopfrad und Capstan *Tachogenera-
toren*, die entsprechende Impulsfrequenzen erzeugen.

6.2. Prinzip der phasenstarren Drehzahlregelung

Servosysteme sind keine Spezialität der Magnetbandaufzeichnung; man findet sie in vielen anderen elektromechanischen
Konstruktionen, und zahlreiche unterschiedliche Prinzipien
der Regelungstechnik werden dabei realisiert. Im Rahmen dieses Skriptums können wir auf Detaillösungen nicht eingehen;
es sei lediglich versucht, die allen Band- und Kopfradservos
mehr oder weniger gemeinsamen Grundkomponenten zu erläutern.
Bild 6.1 zeigt das Prinzip der *phasenrichtigen Drehzahlregelung*. Es handelt sich hierbei um eine PLL-Schaltung (phase-
locked loop). Der Motor stellt die zu regelnde Einrichtung
(Regelstrecke) dar. Die Drehzahl *(Istwert)* wird in diesem
Beispiel durch einen indukti-
ven Pulsgeber erfaßt. Der
Istwert/Soll-wertvergleich
geschieht in einem Frequenz-
und in einem Phasendiskriminator. Die *Regelgröße*
wirkt als Fre-
quenz- und/oder Phasen-
steuersignal

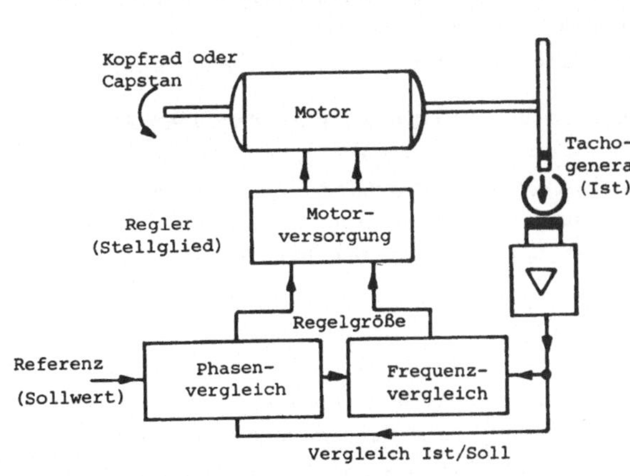

Bild 6.1: Prinzip der phasenrichtigen
Drehzahlregelung (PLL)

auf die Motorversorgung *(Regler)*, die die Motordrehzahl solange nachregelt, bis die Abweichung Null ist.
Je nach Geräteklasse finden wir sehr unterschiedlich aufwendige Realisierungen dieses Prinzips. Wesentlich ist hierbei
die Art der Motoren, auf die die gesamte Regelung abgestimmt
sein muß. Als Beispiele seien folgende Lösungen erwähnt:

- *Frequenzregelung* eines ein- oder mehrphasigen *Synchron-
  motors*
- *Amplitudenregelung* oder *Pulsbreitenregelung* eines *Wechsel-
  strommotors*
- *Spannungsregelung* eines *Gleichstrommotors*
- *Schlupfregelung* eines *Asynchronmotors* mittels Wirbel-
  strombremse.

Frequenzregelung von dreiphasigen Drehstrommotoren werden
beispielsweise bei professionellen Quadruplexanlagen für
Kopfrad- und Bandservo eingesetzt. Zweiphasige Synchronmoto-
ren findet man unter anderem in professionellen Schrägspuran-
lagen für den Kopfradantrieb. Hier kann der Capstanantrieb
ein Gleichstrommotor sein.
Heimvideogeräte arbeiten häufig mit Gleichstrommotoren oder
mit wirbelstromgebremsten Wechselstrommotoren für den Kopfradantrieb und mit Gleichstrommotoren für den Bandantrieb.

Generell können Kopfrad und Capstan direkt oder über Riemen
angetrieben sein.
In besonders einfachen Geräten übernimmt ein einziger Motor
sowohl Kopfrad- als auch Capstanantrieb. In anderen Konzepten
verzichtet man auf den Capstanservo und hat lediglich einen
Kopfradservo.

6.3. Bandservo

Die Aufgabe des *Bandservo* - sofern vorhanden - ist es, wie
schon gesagt, die Geschwindigkeit des *Bandvorschubes* zu regeln. Für die *Aufnahme* bedeutet das, sie im Rahmen der Toleranzen *konstant* zu halten und für die *Wiedergabe* die Phasen-

lage so einzustellen, daß die *Spurführung* einwandfrei erfolgt.
Bild 6.2 zeigt eine mögliche Blockstruktur eines *Bandservo-
systems für Aufnahme*. Die Istdrehzahl wird über einen Tachogenerator
erfaßt und
im Phasen-
diskrimi-
nator mit
dem Soll-
wert ver-
glichen.
Der Tacho-
generator
kann, wie
hier dar-
gestellt,

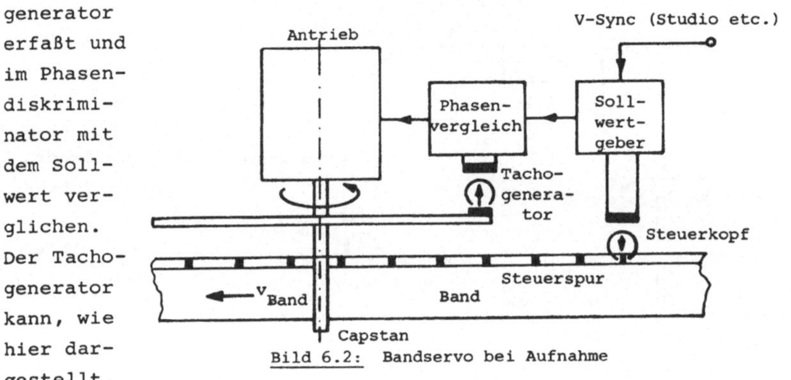

Bild 6.2: Bandservo bei Aufnahme

auf induktiver Basis arbeiten, indem die Signalgeberscheibe
Magnete oder kammartige Zähne enthält, die auf eine Spule
wirken; er kann aber auch mit Hall-Elementen oder optoelek-
tronisch ausgelegt sein. Der Sollwertgeber erzeugt die Leitfrequenz aus dem V-Sync des Führungssignals. Sie kann gleich
der Vertikalfrequenz f_v sein oder auch ein Vielfaches davon
betragen. Der Steuerkopf zeichnet die Leitfrequenz in der
Steuerspur *(control track)* auf.

Im Bild 6.3 ist der *Bandservo für Wiedergabe* dargestellt. Der
Steuerkopf tastet die Kontrollspur ab und liefert den Istwert
der Leitfrequenz. Im Frequenzteiler und Phasendiskriminator
findet der Vergleich zwischen Soll- und Istwert statt. Das
Fehlersignal regelt den Antrieb. Der Tachogenerator ist hierbei außer Funktion. Die Referenz kann je nach Anwendung aus
dem zentralen Studiotakt, aus der Netzfrequenz (für Heimre-
corder) oder aus einer eigenerzeugten Bezugsfrequenz stammen.
Um den Bandaustausch zwischen Aufzeichnungen von verschiedenen Geräten zu erleichtern, besitzen manche Systeme eine *ma-
nuell einstellbare* Korrekturmöglichkeit der *Steuerspurphase*
(manual tracking). Hiermit läßt sich unvermeidlicher, geräte-

spezifischer Spurversatz korrigieren. Bei Systemen mit DTF
(s. Abschnitt 5.3.9) erfolgt das Tracking automatisch.

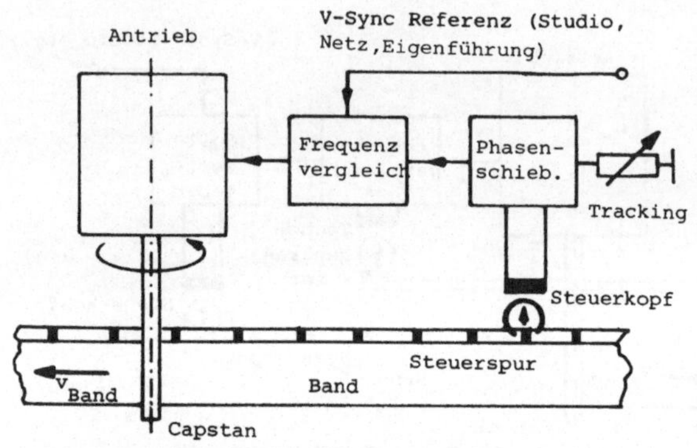

Bild 6.3: Bandservo bei Wiedergabe

6.4. Kopfradservo

Der *Kopfradservo* erfüllt in der Betriebsart Aufnahme den Zweck, die Kopfraddreh-
zahl nach *Fre- quenz* und *Phase* so zu regeln, daß

- bei *nicht seg- mentierter* Auf- zeichnung der Spurwechsel während des Vertikalrücklaufs (in der Regel am unteren
Bildrand kurz vor dem V-Synchronimpuls) erfolgt, bzw.

- bei *segmentierter* Aufzeichnung eine genau definierte Anzahl von Spuren (z.B. 20 bei Quadruplex oder 6 beim BCN-
Standard pro Halbbild, bezogen auf 625 Zeilen CCIR) gespeichert werden. Das bedingt einen phasenstarren Synchronismus zwischen Capstan- und Kopfraddrehzahl.

Bild 6.4 zeigt eine mögliche Blockschaltung. Wie schon der
Capstanmotor, so hat auch der Kopfradmotor einen Tachogenerator zur Erfassung des Istzustandes. Der Soll/Ist-Vergleich
und die Regelung erfolgen ebenfalls in ähnlicher Weise wie
beim Bandservo. Der Vollständigkeit halber ist der Steuerkopf
noch einmal mit eingezeichnet. Die Führung erfolgt beispielsweise mit dem zentralen H-und/oder V-Sync-Signal. Die Ar-
beitsweise während des Wiedergabebetriebs ist ähnlich und
geht aus Bild 6.5 hervor. Generell läßt sich noch sagen, daß
bei Querspur- und segmentierten Schrägspurverfahren das Dreh-
zahlverhältnis Kopfrad/Capstan größer ist als bei nicht seg-

mentierten Schrägspurverfahren. (Beispiele: Quadruplex n_{capst} = 50 Hz, n_{Kopfr} = 250 Hz; Schrägspur: $n_{capst} = n_{Kopfr}$ = 25 Hz für 50 Hz- Systeme).

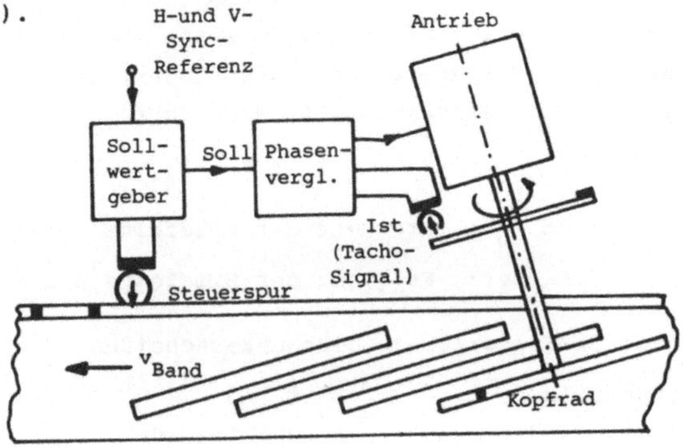

Bild 6.4:

Kopfradservo bei der Aufnahme

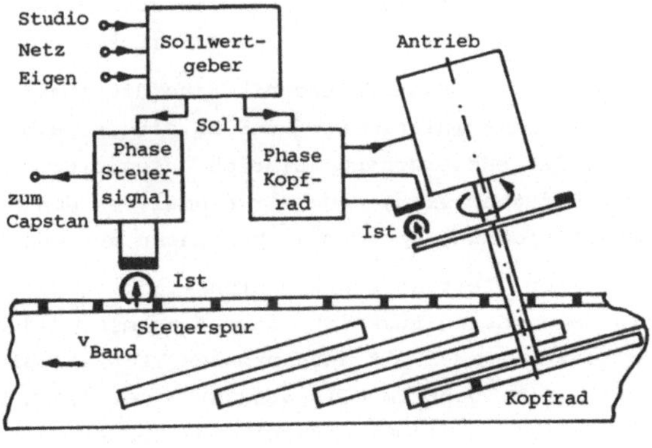

Bild 6.5:

Kopfradservo bei der Wiedergabe

7. Standbild, Zeitlupe und Zeitraffer

7.1. Allgemeines

Die mannigfaltigen Verwendungsmöglichkeiten der Videorecorder im professionellen und Amateurbereich beinhalten auch die *Wiedergabe* von Aufzeichnungen mit einer *Bildfolgefrequenz*, die nicht mit der der *Aufnahme* übereinstimmt. Hiermit lassen sich z.B. im Bereich der Forschung oder der Medizin sehr wichtige Untersuchungsverfahren und auf dem Unterhaltungssektor interessante Effekte verwirklichen. Wir kennen diese als *Standbild-, Zeitlupen- oder Zeitrafferdarstellungen* bezeichneten Methoden aus der Kinotechnik seit langem. Sie lassen sich dort sehr einfach und in weiten Grenzen realisieren, indem die Wiedergabefrequenz des Projektors kontinuierlich verändert wird. Allgemein läßt sich schreiben

$$f_W = k \cdot f_A \,. \tag{7.1}$$

Hierin ist f_W : Frequenz der Bildfolge bei Wiedergabe

f_A : Frequenz der Bildfolge bei Aufnahme.

Folgende Fälle lassen sich unterscheiden

Standbild   : $k = 0$
Normallauf vorwärts: $k = 1$;   rückwärts: $k = -1$
Zeitlupe   vorwärts: $0 < k < 1$;   rückwärts: $-1 < k < 0$
Zeitraffer vorwärts: $k > 1$;   rückwärts: $k < -1$.

In der Magnetbandvideotechnik sind die praktischen Probleme wesentlich komplizierter, und es ist deshalb nicht verwunderlich, daß entsprechende Einrichtungen erst seit etwa 10 Jahren verfügbar sind, wenn wir einmal von den auf Magnetplattenaufzeichnung beruhenden Verfahren absehen.

Zeitlupen, Zeitraffer- und Standbilddarstellungen in Videosystemen müssen Rücksicht darauf nehmen, daß der *Bildaufbau im Monitor* immer mit der normalen Vertikalablenkfrequenz $f_W = f_V$ (= 50 Hz im CCIR-Standard) geschehen muß. Deshalb ist grundsätzlich einmal entscheidend, ob eine *segmentierte* oder *nichtsegmentierte* Aufzeichnung vorliegt.

Bei der nichtsegmentierten Aufzeichnung enthält jede Spur bekanntlich ein Halbbild. Indem man nun die *Bandvorschubgeschwindigkeit* v_{Band} *variiert*, die Kopfraddrehzahl n_{Kopf} aber *konstant* gleich $1/f_V$ läßt, bleibt die Zahl der Abtastungen pro Zeiteinheit erhalten, aber der tatsächliche Videoinformationsfluß wird verzögert oder beschleunigt. Im Falle der Zeitlupe wird nämlich jede Spur mehrfach abgetastet, während beim Zeitraffer immer nur kleine Ausschnitte aufeinanderfolgender Halbbilder erfaßt und zu einem neuen Bild zusammengesetzt werden.

Segmentierte Aufzeichnungen lassen *keine direkten* Geschwindigkeitstransformationen zu, weil hier die Halbbilder aus mehreren Spuren bestehen. Deshalb sind bei diesen Standards nur *indirekte* Verfahren über digitale Halbbild- oder Vollbildspeicher möglich. Sie nutzen, ähnlich wie die DTBC (s. Abschnitt 5.5.4) die Vorteile der Digitaltechnik und lassen sich in modernen Systemen der professionellen Anwendung auch mit anderen Möglichkeiten der Videosignalverarbeitung (Trickmischung etc.) kombinieren. Auf Details wollen wir hier nicht eingehen, sondern uns auf die nichtsegmentierten Aufzeichnungsverfahren beschränken.

7.2. Standbild- und Zeitlupendarstellung bei Helical-Scan-Standards

Generell hängen die Schräglage und die Länge einer Videospur außer von der Geometrie der Band- und Kopfführung auch von der Bandgeschwindigkeit v_{Band} ab. Daraus folgt, daß die Spurdeckung zwischen Aufnahme und Wiedergabe nur bei Nenngeschwindigkeit $v_{ABand} = v_{WBand}$ optimal ist und in jedem anderen Falle Fehler aufweist.

Anhand von Bild 7.1 wollen wir die Verhältnisse etwas genauer untersuchen. Wir nehmen dabei an, daß eine Zweikopfaufzeichnung vorliege und der Umschlingungswinkel $\Omega°$ betrage. Der Kopftrommeldurchmesser sei d, und das Band werde in der Breite b beschrieben.
Dann gilt für die *Spurlänge der Aufzeichnung* bei *stehendem Band*

$$l_{Ao} = \overline{AB} = \frac{d \cdot \pi \cdot \Omega}{360°} . \qquad (7.2)$$

Da bei der *Wiedergabe* die Kopfumschaltung (s.a. Abschnitt 5.4.2.2) bei 180° geschieht, erhalten wir als *abgetastete*

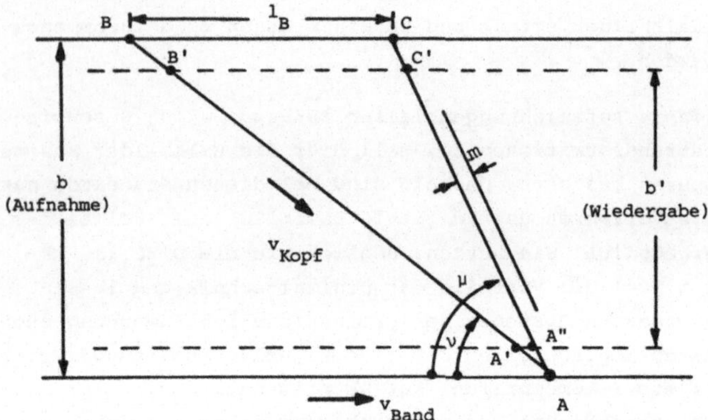

Bild 7.1: Spurlänge bei verschiedenen Bandgeschwindigkeiten

Spurlänge

$$l_{Wo} = \overline{A'B'} = d \cdot \pi/2 \ . \tag{7.3}$$

Der *Aufzeichnungswinkel* ν ist durch die Konstruktion der Kopfradtrommel und der Bandführung sowie durch die Abtastbreite b' gegeben.
Nach Bild 7.1 gilt

$$\nu = \text{arc sin } (b'/l_{Wo}) \ . \tag{7.4}$$

Bei *bewegtem* Band und den eingezeichneten Bewegungsrichtungen *verkürzen* sich l_A und l_W, weil sich das Band während eines Kopfeingriffs um das Stück

$$l_B = \overline{BC} = v_{band}/f_v \ . \tag{7.5}$$

weiterbewegt. Bei gegenläufigen Richtungen von v verlängern sich l_A und l_W. Für die *tatsächlich aufgezeichnete Spurlänge* erhält man im Falle von Bild 7.1 deshalb

$$l_A = \overline{AC} = \sqrt{l_{Ao}^2 + l_B^2 - 2l_{Ao}l_B \cos \nu} \ . \tag{7.6}$$

Bei der *Wiedergabe mit Nennbandgeschwindigkeit* erhalten wir
als *abgetastete Spurlänge*

$$l_W = \overline{A''C'} = l_A \cdot \frac{180°}{\Omega} \qquad (7.7)$$

(vgl. auch mit (7.2) und (7.3)).

Der *effektive Spurneigungswinkel* μ beträgt

$$\mu = \text{arc sin } (b'/l_W) . \qquad (7.8)$$

Schließlich läßt sich noch die *Relativgeschwindigkeit zwischen Band und Kopf* berechnen. Wir erhalten

$$v_{rel} = \sqrt{v_{Kopf}^2 + v_{Band}^2 - 2v_{Kopf}v_{Band} \cos \nu} . \qquad (7.9)$$

Um ein Gefühl für die praktischen Größenordnungen der berechneten Parameter zu erhalten, wollen wir einmal ein paar Zahlenwerte einsetzen, und zwar sei das VHS-System gewählt.
Hier ergibt sich mit d = 62 mm, v_{Band} = 2,339 cm/s;
f_V = 50 Hz; Ω = 188°; b = 1,165 cm und b' = 1,007 cm
im Vergleich zwischen stehendem und laufendem Band

$$l_{Ao} = 10,172 \text{ cm}; \quad l_A = 10,125 \text{ cm} \quad \rightarrow \quad \Delta l_A = 0,047 \text{ cm}$$
$$l_{Wo} = 9,739 \text{ cm}; \quad l_W = 9,692 \text{ cm} \quad \rightarrow \quad \Delta l_W = 0,047 \text{ cm}$$
$$\nu = 5,935° \quad ; \quad \mu = 5,964° \quad \rightarrow \quad \Delta_\mu = - 0,029°.$$

Wir sehen also, daß sich die Spurlängen bei stehendem Band um
etwa 4,8% vergrößern und der Neigungswinkel sich um etwa 2
Winkelminuten verkleinert.
Von weiterem Interesse ist noch der *Mittenabstand* m zweier
benachbarter Spuren. Er ergibt sich aus l_B nach der Beziehung

$$m = l_B \cdot \sin \mu \qquad (7.10)$$

und im Falle von VHS: m = 48,6 µm.
Das ist gleichzeitig die *Spurbreite*, wenn *ohne Rasen* (zero
guard band recording) aufgezeichnet wird.

Wir wollen nun die Wirkung der nicht spurgetreuen Abtastung

auf das Monitorbild diskutieren. Bild 7.2 zeigt 2 typische
Fälle.

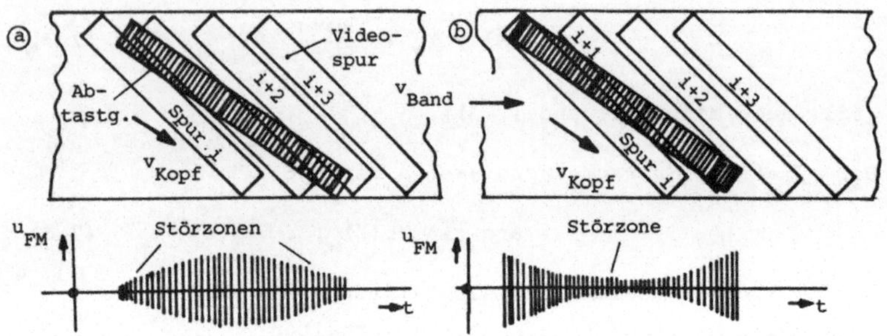

Bild 7.2: Entstehung von Störzonen bei der Standbild-und
Zeitlupendarstellung

Dargestellt sind im oberen Teil die aufgezeichneten Videospuren und schraffiert die Abtastung bei Standbild oder Zeitlupe.
Darunter sehen wir die Wiedergabespannung. Im Bild 7.2a ist
die Spurdeckung in der Mitte optimal, und im unteren und oberen Bereich entstehen Störzonen, die auf dem Monitor als verrauschte Zeilen sichtbar sind.

Ist die Spurdeckung im unteren und oberen Bereich des Bandes
entsprechend Bild 7.2b gegeben, so entsteht eine Störzone in
der Mitte der Abtastung und damit in der Mitte des Bildschir-
mes.

Man kann nun diesen systembedingten Fehler mit verschiedenen
Mitteln in seiner Wirkung minimieren.

- Generell läßt sich durch zusätzliche *Verstärkung und Begrenzung* des FM-Wiedergabesignals der Signalverlust zumindest teilweise kompensieren.

- Bei Standbildwiedergabe wird der Bandvorschub so gesteuert, daß die Videoköpfe in der *Mitte des Bandes* auch die
  Mitte der Spur abtasten (Bild 7.2a). Die Störzone wird
  so mit der Vertikalablenkung phasenverkoppelt, daß sie am
  unteren Bildrand im unsichtbaren Teil ca. 5-8 Zeilen vor

dem Bildrücklauf auftritt.

- Verwendet man *Zero-Guard-Band-Aufzeichnung* (Spuren ohne Rasen), kombiniert mit Slanted Azimuth, dann kann man die *Spurbreite der Videoköpfe* größer machen als es die Videospurbreite s auf dem *Band* erfordert. Liegen nämlich z.B. die Kopfunterkanten in der gleichen Rotationsebene, so wird im Aufnahmebetrieb die Videospurbreite allein durch den *Bandvorschub* bestimmt. Ein Teil der gerade aufgezeichneten Spur wird vom nächsten Kopf wieder überschrieben, wenn die Kopfspurbreite größer ist als der Bandvorschub.
Bei der Standbildwiedergabe gleichen nun die überbreiten Köpfe die Spurneigungsänderung größtenteils wieder aus. Sie erfassen dabei zwar auch Teile der Nachbarspuren; wegen der Slanted-Azimuth-Technik ist jedoch das Übersprechen der Luminanzinformation gering, und das Chrominanzübersprechen wird durch Kammfilterverfahren minimiert (s. Abschnitte 5.2.4.3 und 5.3.5.2). Zahlenbeispiel für VHS-System: Videospurbreite s = 49 μm, Kopfspurbreiten unterschiedlich, Kopf 1 mit s_1 = 60 μm, Kopf 2 mit s_2 = 80 μm (Grundig).

- Recorder mit *DTF*-Einrichtungen (s.a. Abschnitt 5.3.9) bieten die Möglichkeit, die Videoköpfe *dynamisch* dem geänderten Spurneigungswinkel anzupassen, indem die Aktuatoren entsprechende Steuerspannungen erhalten.

- In Anlehnung an die Kinofilmtechnik liegt der Gedanke nahe, den *Bandtransport* bei Zeitlupe nicht kontinuierlich sondern *diskontinuierlich* - also ruckweise - mit natürlichen Bruchteilen der Nenngeschwindigkeit (1/2, 1/3 ...) zu gestalten. Dabei wird das Band beispielsweise mit normaler Geschwindigkeit um ein Vollbild ($\hat{=}$ 2 Spuren) weitertransportiert, bleibt danach für eine bestimmte feste Anzahl von Kopfradumdrehungen stehen, bis sich der gesamte Vorgang wiederholt. Durch diese Technik läßt sich die Zeitlupenwiedergabe qualitativ wesentlich verbessern; es

werden aber auch höhere Anforderungen an den Bandtransport
gestellt.

7.3.   Zeitraffer (Bildsuchlauf) bei Helical-Scan-Standards

Entsprechend Gleichung (7.1) ist im *Zeitrafferbetrieb* $f_w > f_A$.
Wie im vorherigen Abschnitt schon erörtert, erfolgt der Bildaufbau bei der Recorderwiedergabe entsprechend der Fernseh-
norm vertikalfrequent mit f_v. Das bedeutet, daß der Zeitraf-
fereffekt bei *kontinuierlich laufendem Band* erzeugt werden
kann, indem man entsprechend Bild 7.3 aus aufeinanderfolgenden Spuren mit demselben Azimuth jeweils eine Teilinformation
entnimmt und alle Proben zu einem neuen Bild zusammensetzt.
Es leuchtet ein, daß dieses Bild sowohl von der *Qualität*
(mehrere Störzonen) als auch vom *Inhalt* her (nur Teile der
Gesamtinformation im Gegensatz zum Kinozeitraffer) unvollkommen ist. Man verwendet diese Möglichkeit deshalb hauptsächlich für den schnellen *Bildsuchlauf*.

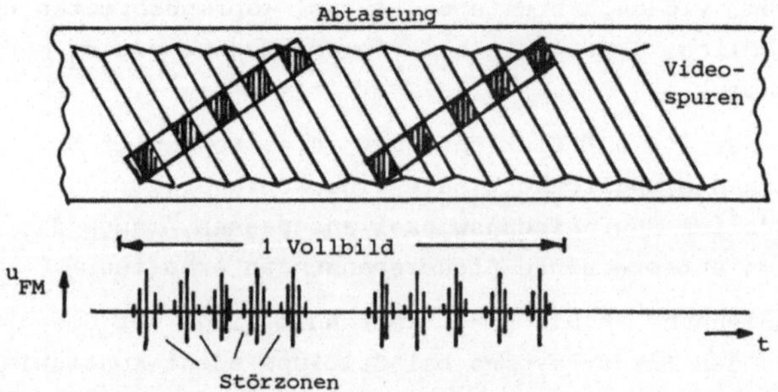

Bild 7.3: Prinzip des kontinuierlichen Zeitraffers

In Bild 7.4 ist dargestellt, wie sich die DTF vorteilhaft zur
Verbesserung der Störzonenunterdrückung verwenden läßt. Die
Aktuatoren steuern die Köpfe so, daß sie einer Spur vollständig folgen und dann eine bestimmte Anzahl (z.B. 5 bis 8) entsprechend dem Vielfachen der Nenn-Bandgeschwindigkeit über-
springen. Wir haben hier eine *diskontinuierliche Spurführung*.

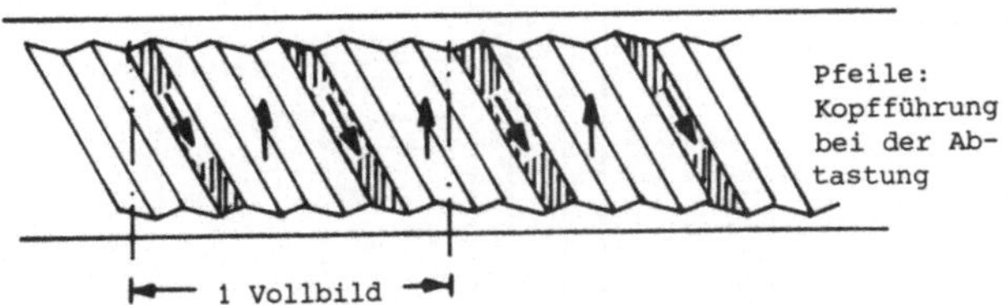

<u>Bild 7.4:</u> Diskontinuierlicher Zeitraffer mit Hilfe von DTF

8. Der SMPTE-Zeit- und Kontrollcode für Videosignalbearbeitung

Im professionellen und semiprofessionellen Bereich ist die
nachträgliche Bearbeitung von Videoszenen eine unentbehrliche
Technik, die sich allmählich in einfacherer Form auch bei
Heimrecorderanwendungen durchsetzt. Um sie rechnergesteuert
zu automatisieren, benötigt man eine Zusatzinformation auf
dem Band, die das Auffinden eines beliebigen Vollbildes ermöglicht. Dieses als *Zeitcode* oder *Kontrollcode* bezeichnete
Signal wird normalerweise in einer gesonderten Longitudinalspur aufgezeichnet. So enthält beispielsweise der von der
SMPTE (<u>S</u>ociety of <u>M</u>otion <u>P</u>icture and <u>T</u>elevision <u>E</u>ngineers)
eingeführte *SMPTE-Zeitcode* Informationen über Stunde, Minute,
Sekunde und Nummer des Vollbildes. Außerdem können noch Tag,
Szenen-Nummer o.ä. festgehalten werden. Die Daten sind digital verschlüsselt, und zwar wird *pro Vollbild ein Codewort*,
bestehend aus 80 bit, erzeugt. Die Codeworte werden werden
seriell und kontinuierlich ohne Zwischenräume aufgezeichnet.
Dieser Code ist auch von der EBU (<u>E</u>uropean <u>B</u>roadcasting <u>U</u>nion)
europaweit übernommen worden.
Da die Vollbilddauer in der CCIR-Norm 40 ms beträgt, ist die
Bitfrequenz

$$f_{Bit} = \frac{80 \text{ bit}}{40 \text{ ms}} = 2 \text{ kHz} . \tag{8.1}$$

Die Daten sind im 8-4-2-1-*BCD-Code* verschlüsselt. Bild 8.1
zeigt den Aufbau eines SMPTE-Codewortes. Die Bits sind von O

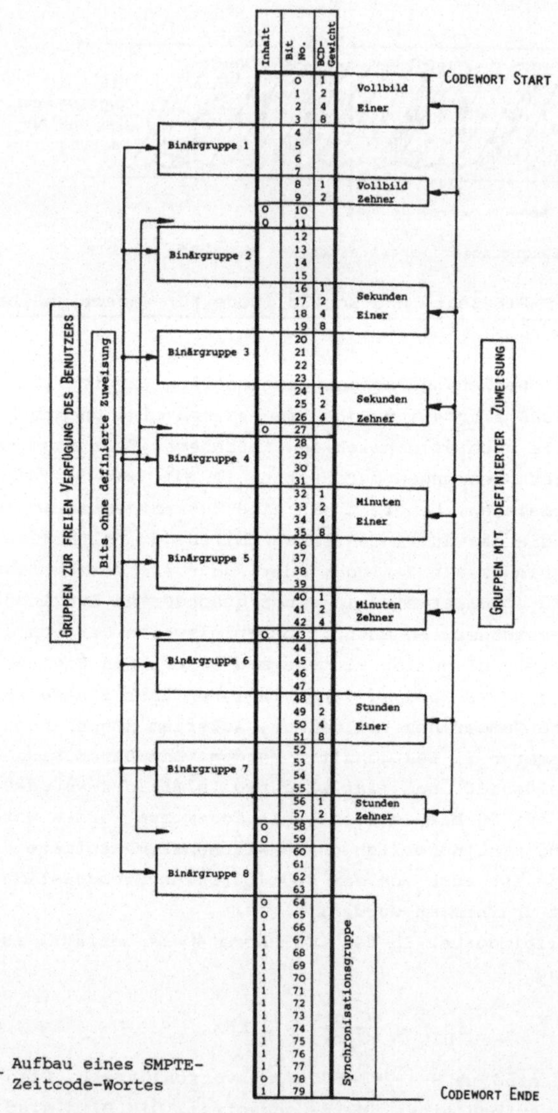

Bild 8.1: Aufbau eines SMPTE-Zeitcode-Wortes

bis 79 durchnumeriert . Es sind 4 Typen von Bitgruppen vorhanden:

- Bits *mit definierter Zuweisung* - sie enthalten bestimmte
  Informationen. Das sind die Gruppen 0 - 3; 8 - 9; 16 - 19;
  24 - 26; 32 - 35; 40 - 42; 48 - 51; 56 - 57.

- Bits *ohne definierte Zuweisung* - vorbehalten für spätere
  Definitionen durch die EBU, derzeit mit 0 besetzt. Es
  sind dies die Bits 10; 11; 27; 43; 58 und 59.

- 8 Gruppen à 4 bit zur *freien Verfügung durch den Benutzer:*
  Gruppen 4 - 7; 12 - 15; 20 - 23; 28 - 31; 36 - 39; 44-
  47; 52 - 55 und 60 - 63.

- *Synchronisationsbits* mit vorgegebenem Inhalt: Bits 64-79.
  Sie dienen der einwandfreien Erkennung des *Codewortendes*
  und sind so verschlüsselt, daß diese Bitfolge nicht als
  gültiges Wort in den anderen Gruppen vorkommt.

Der Zeitcode wird in *Biphase-Modulation* (Bi-Phase Mark Code)
aufgezeichnet. Typisch für diese Modulation ist, daß entsprechend Bild 8.2 *beim Beginn jeder Taktperiode* CP (Clock Pulse)

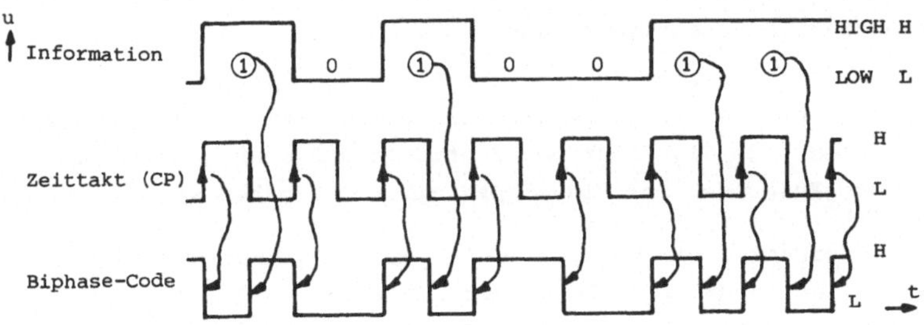

<u>Bild 8.2:</u> Prinzip der Bi-Phase-Modulation

ein High-Low- oder ein Low-High-*Wechsel* stattfindet (positive
Flanke von CP). Enthält das Informationsbit eine logische 1,
so ändert sich der logische Pegel des Biphase-Codes *nochmals*
mit der *negativen Flanke* von CP, bei logisch 0 unterbleibt
der Wechsel. Der Code enthält keine Gleichspannungskomponen-

ten und läßt sich mit wenig Aufwand schreiben und wieder lesen. Er ist prinzipiell auf alle Videoaufzeichnungsstandards
anwendbar, die über eine geeignete Longitudinalspur verfügen.

9. Elektronische Schnittechnik (Electronic Splicing)

9.1. Allgemeines

Vielfach dient eine Videorecorderanlage nicht nur zur einfachen Aufnahme und anschließenden Wiedergabe von zusammenhän-
genden Ereignissen (*Mitschnitt*), sondern es sollen mehrere,
aus verschiedenen Quellen stammende Szenen (*Takes*) zu einer
Produktion zusammengefügt werden. Diese als *Schneiden* bezeichnete Arbeit ist aus der Audio- und Filmtechnik seit
Jahrzehnten bekannt, und von hier stammt auch der Begriff,
weil man sowohl beim Film als auch bei der Tontechnik mit *me-
chanischem Schnitt* des Trägermaterials und anschließendem neu-
en Zusammenkleben der Aufnahmen arbeitet. Das läßt sich ohne
Probleme bild- und wortgenau realisieren.

In der Videorecordertechnik scheidet dieses Verfahren aus,
und zwar im wesentlichen aus 2 Gründen:

- Der mechanische Schnitt eines Videobandes bedeutet, so genau er auch durchgeführt werden mag, eine Stoßstelle im
  Band, die Signal-Dropouts erzeugt und auch mechanische Be-
  schädigungen der Videoköpfe zur Folge haben kann.

- Betrachten wir beispielsweise einmal anhand des Bandlaufs
  einer Quadruplexanlage nach den Bildern 10.1 und 10.6 die
  geometrische Position der zu einem bestimmten Zeitpunkt
  gehörenden Information von Bild, Ton und Steuersignal. Wir
  sehen, daß zwischen der Mitte der Kopfradebene (Ort der
  Videoaufzeichnung) und dem Steuerkopf (magnetische Perforation) eine Strecke von 17,8 mm und zwischen Kopfrad
  und Audiokopf (Ort der Tonaufzeichnung) eine Strecke von

235 mm liegt. Wollte man also einen mechanischen Schnitt machen, so müßte das Band entlang der strichpunktierten Linie in Bild 10.6 getrennt werden. Das ist nicht möglich. Für ein Band des VHS-Systems sähe der mechanische Schnitt so aus, wie ihn Bild 9.1 zeigt.

In der Videotechnik kommt deshalb nur ein *elektronischer Schnitt* (electronic splicing) infrage. Störungsfreie Video-schnitte erfordern allgemein einen relativ hohen technischen und zeitlichen Aufwand. Im professionellen Bereich werden hierfür Recorder verwendet, die im Falle der Schrägspurauf-zeichnung über rotierende Videolöschköpfe verfügen. Für Schnitteinrichtungen in Fernsehanstalten und ähnlichen Insti-tutionen existiert meistens ein *rechnergestützter Verbund* der verschiedensten Kommunikationsmedien wie Film, Kamera, Video-

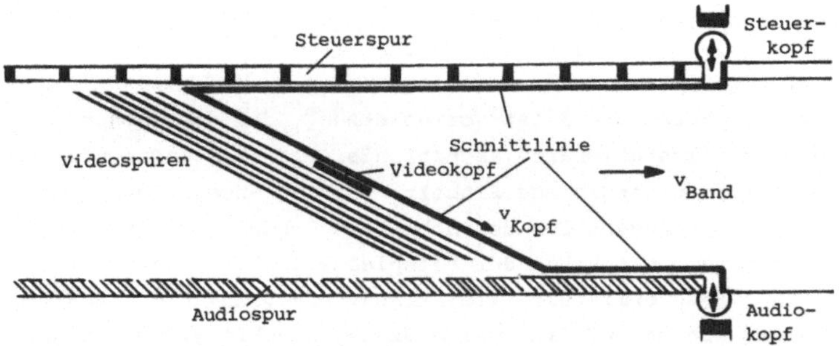

<u>Bild 9.1:</u> Mechanischer Schnitt bei VHS-Spurlage   (nicht maßstäblich)

recorder, MAZ, Standbildspeicher usw., die mittels Zeitcode (s. Kapitel 8) gesteuert werden. Endprodukt ist normalerweise ein Video-Magnetband, das die Produktion als eine unterbre-chungsfreie Aufzeichnung enthält. Videoschnitt bedeutet immer die *Erzeugung einer Kopie*. Aus professionellen analogen Vi-deoaufzeichnungen lassen sich bis zu 7 "Generationen" (Kopie einer Kopie ...) ziehen. Bei Heimrecordern ist bereits eine einfache Kopie bezüglich der Qualität problematisch.

In der Praxis unterscheidet man zwei Arten von Schnitt

- *Assemble* (Aneinanderreihung)
- *Insert*   (Einfügung).

Außerdem gibt es je nach Szenenwechsel noch den

- *harten Schnitt* (der Szenenwechsel erfolgt *abrupt* von einem Vollbild zum nächsten)
  und den

- *weichen Schnitt* (die folgende Szene fließt allmählich in
  die vorangegangene, oder es ist eine Grauzone dazwischen).

9.2. Der Assemble-Schnitt

Beim *Assemble-Schnitt* wird, wie der englische Ausdruck erkennen läßt, eine Videoaufzeichnung an die vorhergehende *angesetzt* (to assemble, sammeln), und zwar möglichst *bildgenau*
und ohne sichtbare Störung.

Hierzu gehört auch das Aufzeichnen der *Toninformation* und des
Steuersignals. Dabei ist Voraussetzung, daß der aufnehmende
Recorder im stationären, synchronisierten Zustand läuft und
die informationsgebende Einheit - häufig ebenfalls ein Recorder - im Augenblick des Schnittes - auch. Zu einem vorher
definierten Zeitpunkt, der beispielsweise durch den Zeitcode
auf dem Band ermittelt wird, findet ein bildgenauer Schnitt
von der ersten auf die zweite Szene einschließlich Ton und
Synchronspur statt. Da die Recorder eine gewisse Hochlauf-
zeit (ca. 5 bis 10 s) brauchen, können Assembleschnitte nicht
beliebig dicht aneinandergesetzt werden.

9.3. Der Insert-Schnitt

Der *Insert-Schnitt* ist eine Technik, bei der in eine bereits
existierende Aufzeichnung ein neuer Teil *eingefügt* wird (to
insert: einsetzen). Das bezieht sich auf

- Insert einer *Bildfolge* (ohne Ton)
- Insert einer *Tonfolge* (ohne Bild)
- Insert einer *Szene*   (Bild und Ton).

Typisch dabei ist, daß die *Steuerspur* der alten Aufnahme während des Inserts *erhalten* bleibt und im Anschluß an das Insert die Aufzeichnung in der alten Form weiterexistiert.

Der Insert-Schnitt ist beispielsweise wichtig, wenn in eine Videoaufnahme zur Erläuterung eine Graphik eingeblendet werden soll oder wenn der Originalton einer Szene durch eine Übersetzung unterlegt wird.

10. Überblick über die Systemparameter derzeit gebräuchlicher Videoaufzeichnungsverfahren

10.1. Allgemeine Vorbemerkungen

In den vorangegangenen Kapiteln wurde bereits mehrfach die große Vielfalt der existierenden Videoaufzeichnungsnormen angesprochen. Wir wollen nun versuchen, hier eine gewisse Systematik hineinzubringen. Das ist aus verschiedenen Gründen schwierig.

- *Weltweit verbindliche Normen* existieren nur zum Teil. Ein wesentlicher Grund hierfür ist allein die Tatsache, daß bereits die *Fernsehübertragungssysteme* in *zwei* große *Gruppen* zerfallen

  - 625 Zeilen / 50 Hz-Systeme (z.B. Europa, CCIR-Norm)
  - 525 Zeilen / 60 Hz-Systeme (z.B. USA, FCC-Norm).

  Hinzu kommen innerhalb dieser beiden Gruppen noch die *unterschiedlichen Farbfernsehsysteme*

  - NTSC
  - PAL   jeweils in 50- oder 60 Hz-Versionen.
  - SECAM

Es sind allerdings intensive Bemühungen im Gange, diesen Unterschied in den Aufzeichnungsstandards zu berücksichtigen und die Systemparameter soweit wie möglich für beide Normengruppen verträglich zu machen. Hinderungsgründe sind weniger technischer als vielmehr wirtschaftlicher Art.

Zwei Institutionen sind bei der Normung besonders aktiv

- *European Broadcasting Union* (EBU)
- *Society of Motion Picture and Television Engineers*
  (SMPTE).

Sie befassen sich nicht nur mit Fragen der Magnetband-
aufzeichnungsnormung.

- Die Systematik kann nach *Qualitätsmerkmalen* aufgestellt
  werden. In dem Falle ist es üblich, drei Klassen zu definieren:

  - *Professionelle* Geräte für Fernsehanstalten etc; häufig
    bezeichnet man diese Klasse als *MAZ-Geräte* (Magneti-
    sche AufZeichnung). Die eigentlich allgemeine Abkür-
    zung wird hier im eingeschränkten Sinne verwendet.
  - *Semiprofessionelle* Geräte für Schulung, Forschung etc.
  - Geräte für den *Amateur-* und *Heimvideobereich*.

  Die beiden letztgenannten Klassen bezeichnet man allgemein als *Videorecorder* (im Gegensatz zur MAZ). Auch diese
  Unterscheidung ist eigentlich willkürlich, hat sich so
  aber eingebürgert.

- Die Systematik kann auch anhand des verwendeten *Magnet-
  bandformates* aufgestellt werden. Wie im Abschnitt 2.3.2
  bereits erwähnt, unterscheidet man hier nach

  - der *Bandbreite* (2"; 1"; $\frac{3}{4}$" ; $\frac{1}{2}$" ; $\frac{1}{3}$" bzw. 8 mm; $\frac{1}{4}$") und
    nach
  - der *Bandkonfektionierung* (offene Spulen, Kassetten).

Entscheidet man sich für eine Systematik anhand des Magnet-
bandformates, so ist das in weiten Bereichen gleichzeitig
auch eine nach Qualitätsmerkmalen. Wir wollen deshalb das
Bandformat als Hauptkriterium wählen und innerhalb der einzelnen Formate, soweit möglich, nach Qualitätskriterien staf-
feln. Außerdem wollen wir uns hauptsächlich mit den in Europa

verwendeten Standards befassen.

10.2.   2-Zoll-Quadruplex-Standard

10.2.1.   Allgemeines

Der *2"-Quadruplex-Standard* ist der erste, 1956 weltweit eingeführte Standard. Er arbeitet mit *Querspuraufzeichnung* (s.a.
Abschnitt 5.2.3). Das Konzept stammt von Ampex und wurde
später von RCA, Bosch und anderen Herstellern übernommen.
Zunächst in der LOW BAND-Version nur für monochrome Anwendungen geeignet, wurde das System 1964 als HIGH BAND-Version
für Farbaufzeichnung erweitert. Mitte der siebziger Jahre
kamen eine SUPER HIGH BAND-Version mit Chroma-Pilotton und
ein automatisches Kassettensystem für 3-Minuten-Kassetten
hinzu. Ursprünglich wurde eine Bandgeschwindigkeit von 38
cm/s (15" / s) verwendet, die später wahlweise auch auf 19
cm/s (7,5"/s) umschaltbar war.

Das *Magnetbandformat und alle geometrischen Parameter* mit
Ausnahme der Videospurbreite und der Bandgeschwindigkeit
sind bei allen Versionen *gleich*, so daß die moderneren Qua-
druplexmaschinen durch einfachen Kopfwechsel innerhalb der
3 Standards bequem umgestellt werden können.

Das Quadruplexverfahren zeichnet sich durch *Studioqualität*
aus und wird auch nur im professionellen Bereich verwendet.
Es war bis zum Ende der siebziger Jahre das einzige Verfahren, das diesen Ansprüchen gerecht wurde. Mittlerweile ist
es jedoch für Neueinrichtungen wegen seines hohen Investi-
tionsvolumens, des intensiven Wartungsaufwandes und des relativ hohen Bandverbrauchs nicht mehr aktuell, da 1"-Schräg-
spurverfahren bei gleicher Qualität hier wesentlich günstiger liegen. Es wird allerdings wegen der umfangreichen Band-
archive bei Sendeanstalten usw. noch über einen gewissen
Zeitraum weiterexistieren.

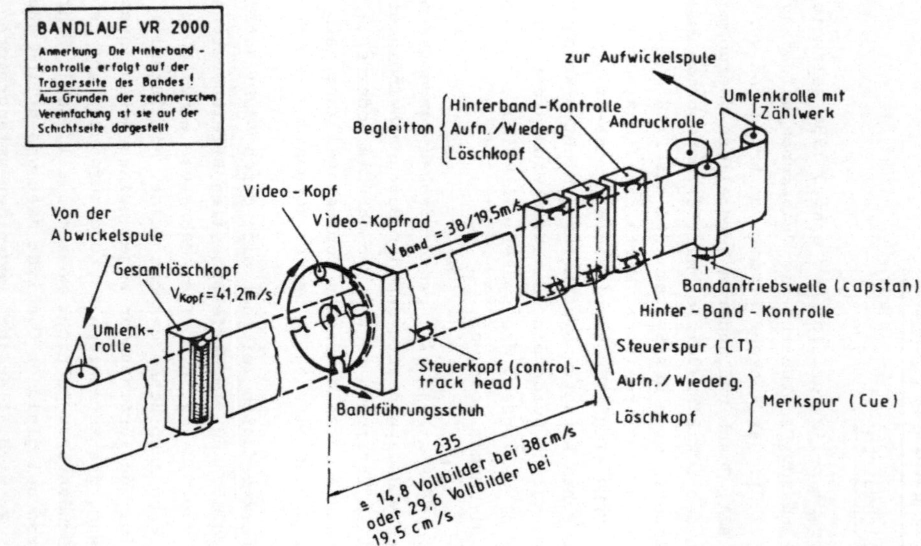

<u>Bild 10.1:</u> Bandlauf und Kopfanordnung einer Quadruplex-Anlage (VR 2000) (CCIR-Version)   (nach [1.1])

10.2.2. Geometrische Parameter und Spurlagenschema

Bild 10.1 zeigt schematisch die Bandführung und die Kopfanordnung einer Quadruplexanlage am Beispiel des Typs Ampex
VR 2000. Das Band wird vom Capstan mit 38 cm/s oder 19 cm/s
angetrieben und passiert zunächst den *Gesamtlöschkopf*, der
im Falle der Aufnahme in Betrieb ist und das Band auf voller
Breite löscht (s.a. Abschnitt 2.4).

Das *Videokopfrad* trägt 4 um 90° gegeneinander versetzte Köpfe. Es hat einen Durchmesser von d = 52,54 mm und rotiert mit
250 Hz = 5 f_v (625/50 CCIR-Norm) bzw. 240 Hz = 4 f_v (525/60
FCC-Norm). Hieraus resultieren Band-Kopf-Geschwindigkeiten
v_{Kopf} = 41,15 m/s (CCIR) bzw. v_{Kopf} = 39,52 m/s (FFC). Bei
derartig hohen Drehzahlen wird im Interesse eines exakten,
verschleißarmen Laufs des Kopfradmotors bei dieser Anlage mit
luftgeschmierten Achslagerungen gearbeitet. Hierfür ist eine
spezielle *Druckluftversorgung* nach Bild 10.2 erforderlich.
Details wollen wir hier nicht behandeln, sondern es soll
lediglich gezeigt werden, welcher Aufwand erforderlich ist.

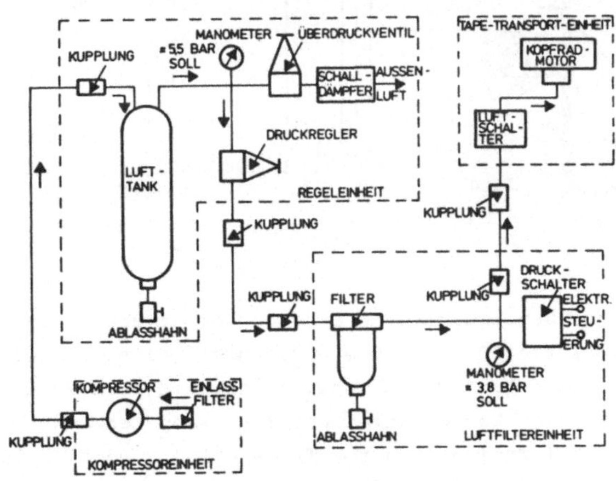

Bild 10.2: Prinzip der Druckluftversorgung für Kopfrad-Motorlager

Im *Bandführungsschuh* (Bandführungsegment) wird das Band viertelkreisförmig verformt und mit *genau definierter Kraft* auf das Kopfrad gedrückt. Diese Kraft ist äußerst kritisch, denn sie bestimmt den Kopf-Band-Kontakt. Bei zu geringen Werten ist der Signalfluß gestört, bei zu großen Werten ergeben sich erhöhter Verschleiß und Zeitfehler infolge der elastischen Verformung des Bandes (Geometriefehler und *Banding* s.a. Abschnitt 5.4.2.1).

Bild 10.3 zeigt das Prinzip der Kraftregulierung, und in Bild 10.4 ist die Wirkung eines zu starken Bandandrucks auf das Monitorbild dargestellt. Zu niedriger Andruck erzeugt entgegengesetzte Verzerrungen.

Die Bandführung erfolgt mit *Luft-Unterdruck*, der im Bandführungsschuh wirksam wird (Bild 10.3) und dessen Erzeugung Bild 10.5 zeigt. Eine aufwendige Regelung (shoe servo) sorgt dafür, daß der Andruck des Führungsschuhs bei Aufnahme und Wiedergabe exakt stimmt.

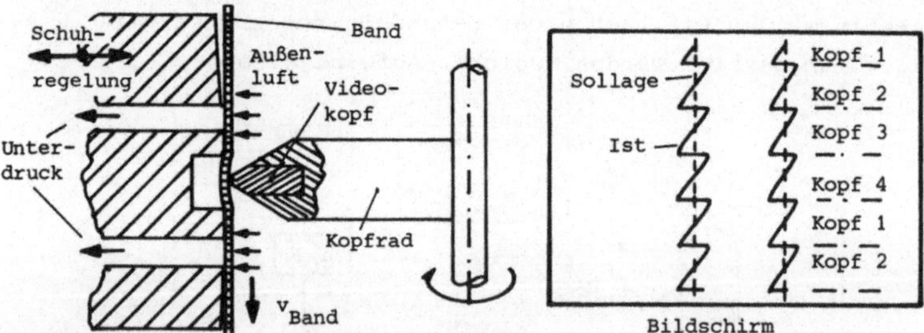

Bild 10.3: Prinzip der Erzeugung des Band-Kopf-Eingriffs mittels Bandführungsschuh

Bild 10.4: Wirkung eines zu großen Kopfandruckes auf die Darstellung senkrechter Strukturen

Die Videoköpfe beschreiben das Band in voller Breite mit einem *Spurwinkel* von 90° 33'. Sie haben dabei einen *Umschlingungswinkel* von etwa 110° (s. Spurlagenschema Bild 10.6). Die Bandunterkante ist Bezugslinie. Der *Steuerkopf* erzeugt die magnetische Perforation (Control Track CT) als Longitudinalspur unmittelbar am unteren Rand. Er hat von der Kopfradebene einen Abstand von 17,8 mm. Je eine weitere Longitudinalspur

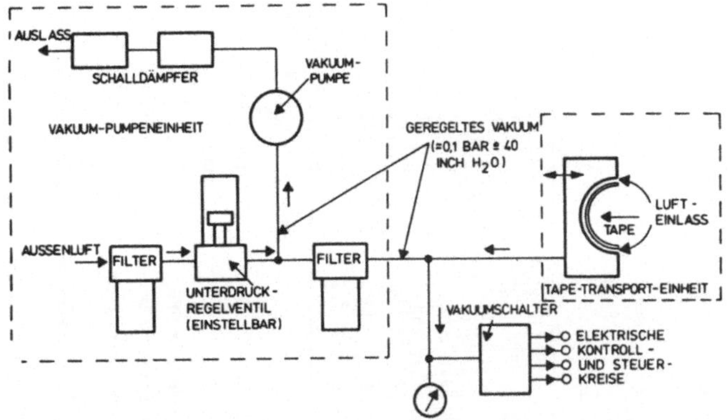

Bild 10.5: Prinzip der Unterdruckversorgung für den Bandführungsschuh

für Kommentare oder Zeitcode *(Merkspur, cue)* und für Ton
(Audio) befinden sich an der oberen und unteren Bandkante,
und zwar haben die Köpfe einen Abstand von 235 mm von der
Kopfradebene. Das entspricht einem *Bild/Ton-Versatz*, der von
der Bandgeschwindigkeit und der Norm abhängt. Er liegt bei
etwa 15 bis 37 Vollbildern (s.a. Tabelle 10.1). Vor der Aufzeichnung findet hier noch eine Löschung der Videoinformation statt. Außerdem ist eine *Hinterbandkontrolle* möglich,
die das Abhören der Audio- und der Merkspur unmittelbar während der Aufnahme ermöglicht. Bei der VR 2000 sind die zugehörigen Köpfe auf der *Trägerseite des Bandes* angeordnet, in
Bild 10.1 jedoch auf der Schichtseite dargestellt. Die Videospurbreiten und Mittenabstände variieren, wie schon erwähnt,
mit der Bandgeschwindigkeit, sie sind in Bild 10.6 für v_{Band}
= 39,7 cm/s dargestellt.

Die *Zahl der Videospuren pro Halbbild* ist von der Norm abhängig; sie beträgt bei CCIR 20 und bei FCC 16 Spuren/Halb-
bild. Hingegen sind die *Spurbreite* und der *Spurabstand* nicht
norm- sondern nur geschwindigkeitsspezifisch. Das erreicht
man durch unterschiedliche Kopfdrehzahlen und Bandgeschwindigkeiten bei CCIR und FCC (Details siehe Tabelle 10.1).

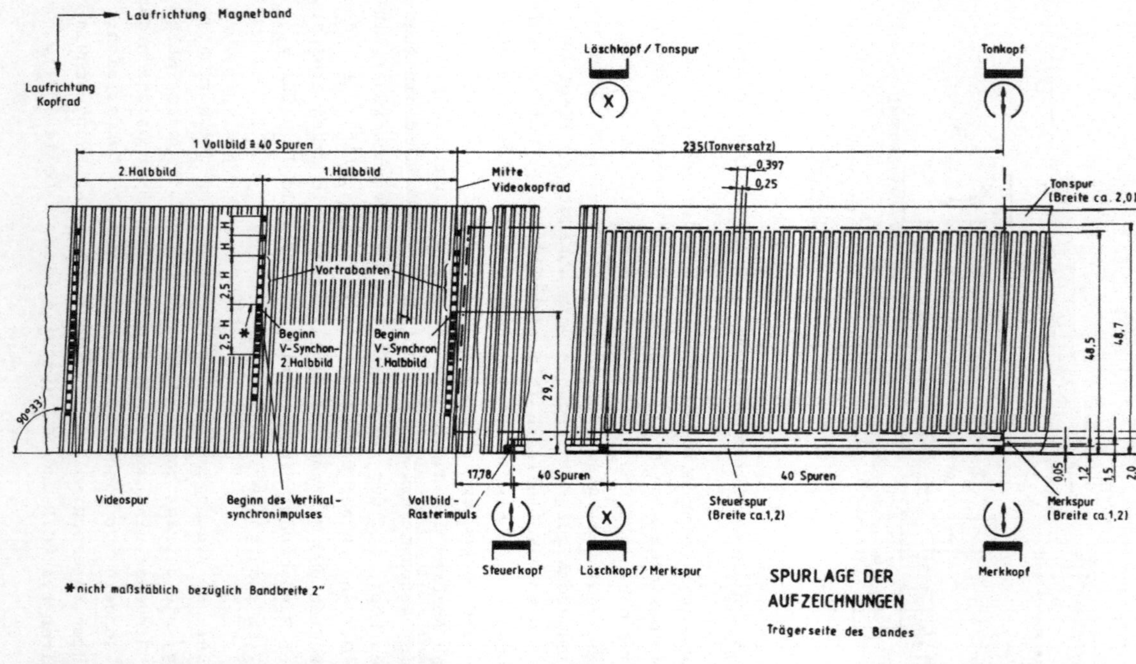

Bild 10.6: Spurlagenschema Quadruplex, v_{Band} = 39,7 cm/s, CCIR ; strichpunktierte Linie: mechanischer Schnitt nach Abschnitt 9.1

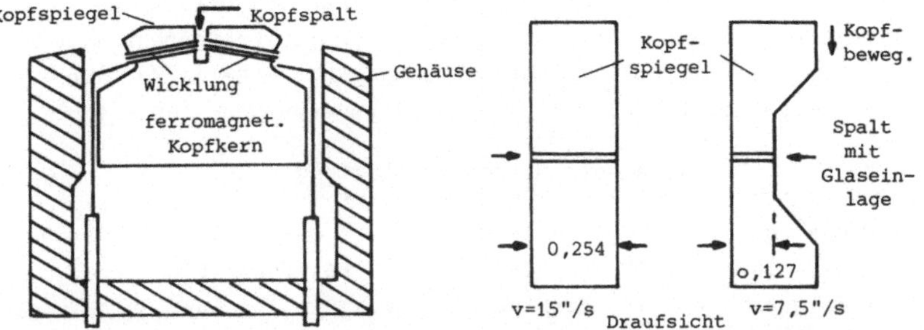

Bild 10.7: Beispiel des Videokopfaufbaus für die genormten Bandgeschwindigkeiten 15"/cm und 7,5"/cm.

Parameter	625/50 CCIR-Norm		525/60 FCC-Norm	
Magnetband	50,8 mm (2") γ Fe$_2$O$_3$, magnetische Querorientierung (offene Spule)			
Bandgeschwindig-keit	39,68 cm/s (15,625"/s	19,88 cm/s (7,813"/s)	15"/s (38,1 cm/s	7,5"/s (19,01 cm/s)
Zahl der Köpfe auf dem Kopfrad	4	4	4	4
Kopfraddrehzahl (Hz)	250	250	240	240
Spuren pro Halbbild	20	20	16	16
Umschlingung	110°	110°	110°	110°
Spurumschaltung	90°	90°	90°	90°
Zeilen pro Spur	15,63	15,63	16,41	16,41
Spuren/s	1000	1000	960	960
Kopf-Band-Ge-schwindigkeit (m/s)	41,15	41,15	39,52	39,52
Spurabstand (mm)	0,397	0,191	0,397	0,191
Spurbreite (mm)	0,254	0,127	0,254	0,127
Bild-Ton-Versatz (Vollbilder)	14,8	29,6	18,5	37,0
Maximale Spieldau-er pro Spule (min)	92	184	96	192
Bandverbrauch (cm²/s)	202	101	194	97

Tabelle 10.1: Die wichtigsten geometrischen Parameter der Quadruplex-Standards

Bild 10.7 zeigt den prinzipiellen Aufbau von Quadruplex-Vi-
deoköpfen (Ampex) für die beiden genormten Bandgeschwindigkeiten. Bis auf die halbierte Spalthöhe im Falle der niedrigeren Geschwindigkeit sind alle anderen Maße identisch.

10.2.3. Parameter der Signalverarbeitung

Wie schon erwähnt, existieren die *drei* Quadruplex-Standards
LOW-, HIGH- und SUPER-HIGH-BAND (LB, HB, SHB). Die beiden
letztgenannten sind farbtüchtig für NTSC, PAL und SECAM,
während LB nur in einer NTSC-Version für 525/60 FCC-Norm
Farbaufzeichnung ermöglicht. Generell wird mit FBAS-Aufzeichnung (s.a. Abschnitte 5.3.3 und 5.3.4) gearbeitet. Das SHB
verwendet einen *Pilotton*, der aus dem *1,5-fachen der Farbträ-*
gerfrequenz f_c besteht. Er wird dem Videosignal bei der Aufzeichnung vor der Frequenzmodulation überlagert und dient bei
der Wiedergabe nach der Demodulation zur *Phasenfehlerkorrek-*
tur der Farbinformation. Das Verfahren hat Ähnlichkeit mit
der APC bei Colour-Under-Verfahren (s. Abschnitt 5.5.5) und

Parameter		625/50 CCIR-Norm			525/60 FCC-Norm		
Aufzeichnungsart		(F)BAS-FM (direkt)					
Standard		LB	HB	SHB	LB	HB	SHB
- 3dB-Videoband- breite (MHz)		5,0	6,0	6,0	4,2	4,5	4,5
Farbaufzeichnung		bedingt	ja	ja	bedingt	ja	ja
Chroma Pilot- Frequenz (MHz)		-	-	6,65	-	-	5,37
Modulations-	f_{sync}	5,0	7,16	10,99	4,28	7,06	9,58
frequenzen	f_{sw}	5,54	7,80	11,35	5,00	7,90	9,90
(MHz)	f_{ws}	6,8	9,30	12,20	6,80	10,00	10,70
Hub f_H (MHz)		1,8	2,14	1,21	2,52	2,94	1,12
- 3dB- Audio- band- breite	f_u (Hz)	30 (bei 38 cm/s und 19 cm/s)					
	f_o (kHz)	15 (bei 38 cm/s) sowie 12 (bei 19 cm/s)					

<u>Tabelle 10.2:</u> Die wichtigsten elektrischen Signalparameter
der Quadruplex-Standards

bietet den Vorteil, daß die Zeitfehlerkorrektur auch auf Fehler *innerhalb* einer einzelnen Zeile reagiert (vgl. auch Abschnitte 5.5.3 und 5.5.4.3). In Tabelle 10.2 sind die wesentlichen elektrischen Parameter der Quadruplex-Standards zusammengestellt.

10.3.   1-Zoll-Helical-Scan-Standards

10.3.1. Professionelle Standards, Allgemeines

Bis fast zur Mitte der siebziger Jahre - also etwa zwei Jahrzehnte - war die Quadruplexaufzeichnung mehr oder weniger die einzige weltweit in den Fernsehanstalten und Studios verwendete Technik. In dem Maße, in dem neue Band- und Kopfwerkstoffe, aufwendigere Signalverarbeitung und präzisere Fertigungsmethoden zur Verfügung standen, gewannen die 1"-Helical-Scan-Systeme immer mehr an Bedeutung.
Ihre Einführung brachte weniger eine Verbesserung an Bildqualität - die war bei den Quadruplex-Systemen ohne Einschränkungen gegeben - als vielmehr in der *Wirtschaftlichkeit, Zuverlässigkeit* sowie bei den *Anwendungsmöglichkeiten* (Mobilität für aktuellen Einsatz vor Ort). Die Stichworte von der *elektronischen Berichterstattung* EBE (Electronic News Gathering ENG) und der *Elektronischen Außenproduktion* EAP (Electronic Field Production EFP) wurden geprägt.

Eine Reihe von verschiedenen Herstellern entwickelten etwa ab 1970 unterschiedliche professionelle 1"-Standards, von denen sich zwei durchsetzen konnten. Sie wurden 1977 weltweit von SMPTE, EBU und IEC genormt und sind als *B-Standard* und *C-Standard* eingeführt. Außerdem existiert noch der SMPTE-A-Standard (z.B. Ampex VPR1), der aber keine größere Bedeutung mehr besitzt.

Der B-Standard ist aus dem von Bosch entwickelten *BCN-System* hervorgegangen. Er arbeitet mit *segmentierter Zweikopf-Aufzeichnung.*
Der C-Standard stammt von AMPEX und wurde unter anderem auch

von Sony übernommen. Typisch ist hier *nichtsegmentierte Ein-kopf-Aufzeichnung mit 340° Ω-Umschlingung*. Beide Systeme sind nicht kompatibel miteinander.

Wir wollen zunächst die Vorteile der professionellen 1"-Anlagen zusammenstellen, anschließend einen allgemeinen Vergleich von B- und C-Standard durchführen und schließlich einige Details der B- und C-Standards erörtern.

Der Übergang von 2" auf 1"-Format bewirkt

- Reduktion der Anlagen in *Volumen* und *Gewicht* auf etwa 20%
- Reduktion des *Bandverbrauchs* auf etwa 30%
- Reduktion der *Servicekosten* und *-zeiten* auf etwa 20%
- Reduktion der *Leistungsaufnahme* auf etwa 25%
- Realisierung *transportabler* Maschinen mit maximal 25 kg Gewicht
- Realisierung *portabler* Maschinen mit 1"-Kassette für EBE und EAP mit max. 15 kg Gewicht
- Steigerung des *Bedienungskomforts* (Standbild, Zeitlupe, Suchlauf, elektronischer Schnitt)
- *Unempfindlichkeit* gegenüber Klimaeinflüssen

bei mindestens gleichen Daten bezüglich der Bildqualität.

Die wichtigsten *Vorzüge* des B-Standards gegenüber dem C-Standard sind

- Einfachere und leichtere *Mechanik*
- geringere *Dropout-Empfindlichkeit* (steilere Videospuren)
- Aufzeichnung *aller Zeilen* eines Vollbildes (kein Gap, wichtig z.B. bei SECAM-Identifikation)
- Wegen des kleineren Kopfrades geringeres *Massenträgheitsmoment* (bei portablen Geräten wichtig)
- *Elektronische Schnitte* und *Bandaustausch* wegen der exakteren Spurführung einfacher.

<u>Dem stehen als *Nachteile* gegenüber</u>

- *Standbild, Zeitlupen- und Zeitraffer* nur mit Halbleiter-
  Vollbildspeicher möglich
- *Banding-Fehler* wegen Segmentierung möglich
- *Kopfumschaltelektronik* erforderlich
- *Video-Hinterbandkontrolle* schwieriger.

Eine Reihe der Nachteile entfällt, wenn der Halbleiter-Bild-
speicher vorhanden ist. Dann zeigt der B-Standard sogar auch
hier bessere Eigenschaften (Details s. 10.3.3 und 10.3.4).

10.3.2. Semiprofessionelle 1-Zoll-Standards

Für semiprofessionellen Einsatz zur *Dokumentation, Überwa-
chung, Information* und *Registration* in Medizin, Industrie,
Wissenschaft und Forschung werden häufig auch Geräte der 1"-
Klasse verwendet. Hier stehen weniger ein breites Spektrum
verschiedenster Bedienungs- und Signalverarbeitungsmöglich-
keiten sowie Geräteverbund als vielmehr hochwertige Einzel-
aufzeichnung im Vordergrund. Entsprechend sind die Daten für
Videobandbreite usw. , mit denen der professionellen 1"-Gerä-
te vergleichbar, der Preis für derartige Anlagen liegt jedoch
etwa um den Faktor 4 ... 6 niedriger.

Die Normung auf diesem Sektor ist nicht sehr weit fortge-
schritten; es existieren mehrere Standards, die von verschiedenen Herstellergruppen benutzt werden. Wir wollen nicht weiter ins Detail gehen; als marktführend seien lediglich der
GPR-Standard von Grundig (<u>G</u>rundig <u>P</u>rofessional <u>R</u>ecorder, beispielsweise auch von Siemens und Philips verwendet) und der
JVC-Standard von Japan Victory Company genannt. Der GPR-Standard gestattet in einer Monochrom-Version Aufzeichnung von
Videosignalen mit 10 MHz Bandbreite und ist damit auch für
Hochzeilenfernsehen (High Definition Television, HDTV) geeignet.

10.3.3. Der professionelle 1"-B-Standard

10.3.3.1. Geometrische Parameter und Spurlagenschema

Bild 10.8 zeigt die *Videokopfanordnung* auf dem Kopfrad
(rechts) und die *Helix-Bandführung* über die Kopftrommel
(links) beim 1"-B-Standard. Das Band wird mit 24 cm/s bewegt.
Das *Kopfrad* hat einen *Durchmesser* von 50,3 mm und eine *Drehzahl* von 150 Hz. Hieraus resultiert eine *Kopf-Band-Geschwin-
digkeit* von v_{rel} = 23,72 m/s. Der *Steigungswinkel* der Helix
und damit etwa auch der Videospuren beträgt 14,4°. Die beiden
Videoköpfe liegen auf einem Durchmesser (β = 180°). Der *Bandumschlingungswinkel* ist etwas größer, nämlich α = 190°. Der
Steuerkopf ist im unteren, feststehenden Teil der Kopftrommel
angeordnet, und zwar in der Achse $\overline{XY}$, die parallel zur Achse
$\overline{AB}$ durch die Umlenkrollen geht.

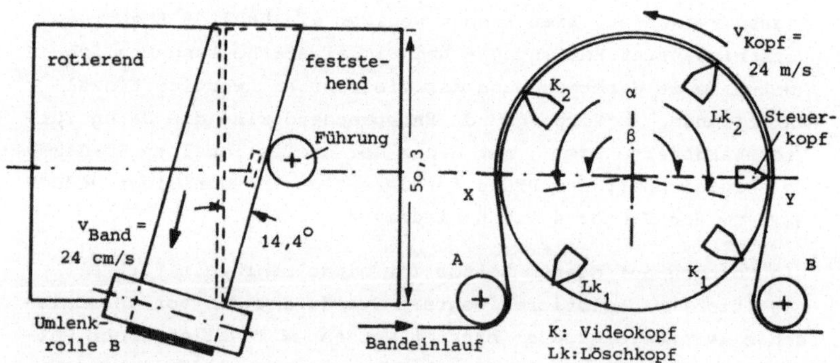

Bild 10.8: Videokopfanordnung und Bandführung beim B-Standard

Bei Anlagen mit Schnittmöglichkeit ist zusätzlich ein Lösch-
kopfpaar vorhanden, das auf einem Durchmesser senkrecht zu
$\overline{K_1 K_2}$ liegt.

Das Spurlagenschema ist aus Bild 10.9 ersichtlich.
Kopfrad und Band bewegen sich gegenläufig. Die Videospuren
haben eine Länge von 80 mm, eine Breite von 160 µm und einen
Mittenabstand von 200 µm (Rasenbreite 40 µm). Außerdem sind

longitudinal 3 Audiospuren von je o,8 mm Breite und die Steuerspur mit O,4 mm Breite vorhanden. Auf eine Videospur entfallen 52 Zeilen, so daß ein Halbbild aus 6 (625/50 CCIR-Norm)
bzw. 5 (525/60 FCC-Norm) Segmenten besteht. Die Audiospuren
1 und 2 sind beispielsweise für Stereotonaufzeichnung geeignet, und Audiospur 3 kann für den SMPTE-Zeitcode verwendet
werden.

Tabelle 10.3 gibt noch einmal eine Zusammenstellung aller
wichtigen geometrischen Daten

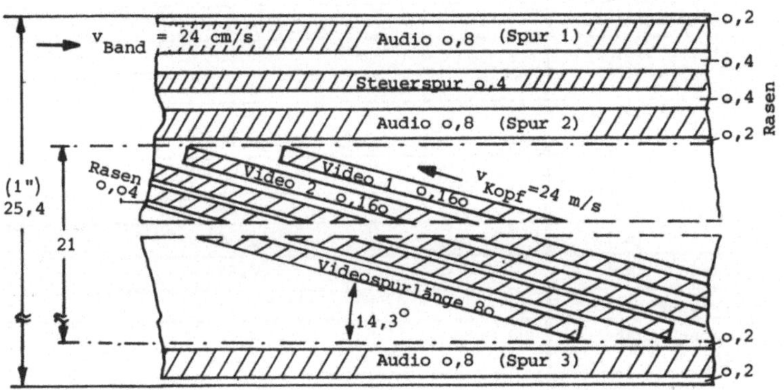

Bild 10.9:   Spurlagenschema beim B-Format (Schichtseite des Bandes)

10.3.3.2.   Parameter der Signalverarbeitung

Der B-Standard verwendet generell FBAS-Direkt-FM-Aufzeichnung
mit Preemphasis vor der Modulation und Deemphasis nach der
Demodulation. Die entsprechenden Zeitkonstanten nach den
Gleichungen (5.17), (5.33) und (5.34) haben die Werte T_1 =
240 ns, T_2 = 600 ns.

Tabelle 10.4 enthält die wichtigsten elektrischen Signalparameter.

Parameter	625/50 CCIR	525/60 FFC
Magnetband	25,4 mm (1") γ Fe_2O_3 oder CrO_2, magnetisch längsorientiert, Spule oder Kassette	
Bandgeschwindigkeit (mm/s)	243	245
Kopfraddurchmesser (mm)	50,33	
Zahl der Köpfe auf dem Kopfrad	2 (+ 2 Löschköpfe, wenn elektronischer Schnitt)	
Kopfraddrehzahl (Hz)	150	
Spuren pro Halbbild	≈ 6	≈ 5
Umschlingung α (°)	190	
Spurumschaltung β (°)	180	
Zeilen pro Spur	52	
Spuren / s	300	
Kopf-Band-Geschwindigkeit (m/s)	23,72	
Spurabstand (mm)	0,200	
Spurbreite (mm)	0,160	
Rasen (mm)	0,040	
Spurlänge (mm)	84	
Spurneigung (°)	14,4	
Bild/Ton-Versatz (Vollbilder)	≈ 24	$\approx 28,5$
Bandverbrauch cm²/s	61,74	62,23

Tabelle 10.3: Die wichtigsten geometrischen Parameter des 1"-B-Standards

Parameter		650/50 CCIR-Norm	525/60 FFC-Norm
Aufzeichnungsart		FBAS-FM (direkt)	
- 3dB-Video-Bandbreite (MHz)		5,5	5,0
Modulations-frequenzen (MHz)	f_{sync} f_{sw} f_{ws}	6,76 7,40 8,90	7,06 7,90 10,00
Hub f_H (MHz)		2,14	2,94
- 3dB-Audio-Bandbreite		15 Hz .... 14 kHz	

Tabelle 10.4: Die wichtigsten elektrischen Signalparameter des 1"-B-Standards

10.3.4. Der professionelle 1"-C-Standard

10.3.4.1. Geometrische Parameter und Spurlagenschema

Bild 10.10 zeigt die *Videokopfanordnung* auf dem Kopfrad
(rechts und Mitte) und die *Bandführung* (Mitte und links). In
das linke Bild ist die Kopftrommel des B-Standards maßstäblich
zum Größenvergleich eingezeichnet. Das Band wird mit etwa
24 cm/s bewegt (s. Tabelle 10.5). Das Kopfrad trägt mindestens
1 Video-Schreiblesekopf; es hat einen Durchmesser von 134,62 mm.
Die Ω-*Umschlingung* hat einen Winkel von 346°. Da die obere
Hälfte des Kopfrades mit Halbbildfrequenz f_v rotiert (die untere steht fest), findet eine *nichtsegmentierte Halbbildauf-
zeichnung* pro Spur statt. Bedingt durch die *Aufzeichnungslücke*
(gap) von 14°, gehen je nach Norm 10 bis 12 Zeilen während des

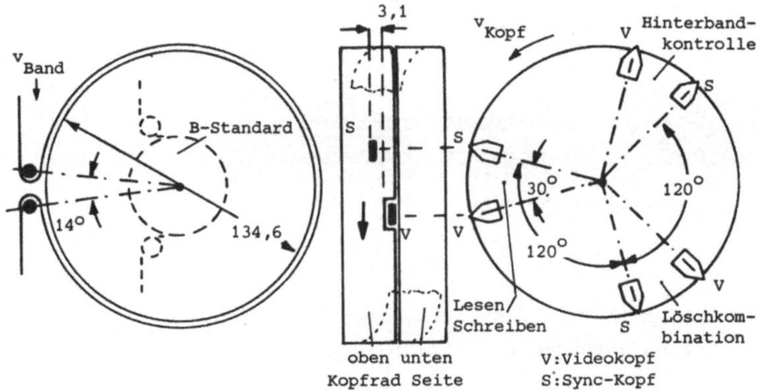

<u>Bild 10.10:</u> Videokopfanordnung und Bandführung beim 1"-C-Standard

Vertikalrücklaufintervalls verloren. Sie lassen sich entweder
im TBC restaurieren (sofern sie keine nennenswerte Information
enthalten), oder sie werden durch einen *zweiten Schreiblese-
kopf* erfaßt, der um 30° im Azimuth und 3,13 mm in der Höhe gegenüber dem Kopf 1 versetzt ist (s. Bild 10.10 Mitte). Das ist
insbesondere bei Farbaufzeichnung bezüglich der SECAM-Identi-
fikationssignale zweckmäßig. Die *Band-Kopfgeschwindigkeit* ist
normabhängig und beträgt etwa v_{rel} = 23 m/s (Details in Tabel-

le 10.5). Der *Spurneigungswinkel* liegt etwa bei 2,6°. Aus dem Spurlagenschema (Bild 10.11) sehen wir, daß entweder 4 oder 5 *Longitudinalspuren* und 2 oder 1 *Schrägspur(en)* vorhanden sind.

An der oberen Bandkante befinden sich *2 Audiospuren*. Es folgen die *Hauptvideospuren* und die *Steuerspur* mit der magnetischen Perforation. Die anschließende Schrägspur enthält das *V-Sync-Signal* aus dem Gap der Hauptspur, und an der Bandbezugskante unten finden wir noch eine *Audiospur*. Anstelle der V-Sync-Schrägspur kann bei der EBU-Norm *alternativ* auch eine vierte Audiospur aufgezeichnet werden, Die Videospurbreiten und -abstände sind normspezifisch und liegen im Mittel etwa

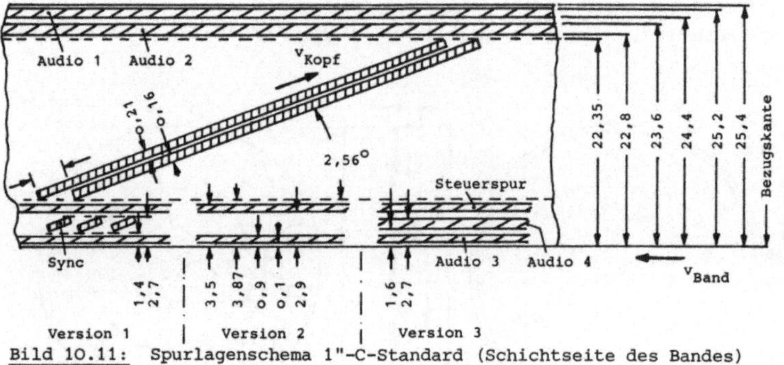

Bild 10.11: Spurlagenschema 1"-C-Standard (Schichtseite des Bandes)

bei 0,15 mm bzw. 0,2 mm (Rasenbreite 50 µm).

Sie werden entsprechend Bild 10.12 so gewählt, daß die H-Sync-Impulse benachbarter Spuren in einer Reihe aufgezeichnet werden. Bei Standbild- und Zeitlupenwiedergabe gewährleistet diese Technik ein Minimum an Störungen der Zeilensynchronisation.

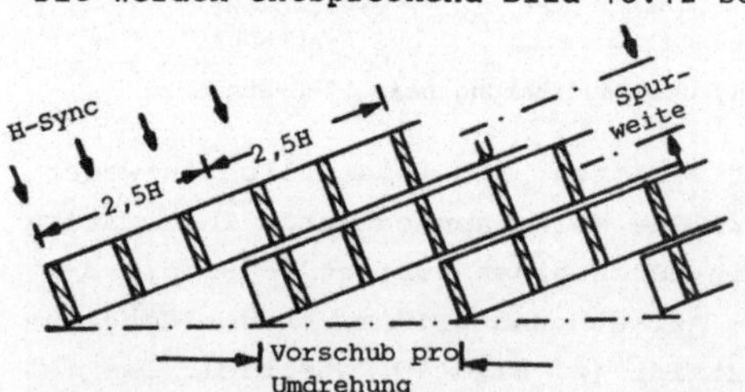

Bild 10.12: Wahl von Spurbreite und Abstand (Erläuterung im Text, Beispiel im Bild gilt für 625/50 EBU-Norm)

Wenn die Sync-Schrägspur vorhanden ist, dann hat sie mit der
Hauptvideospur eine gewisse *Überlappung* (etwa 6 bis 7 Zeilen),
um ein einwandfreies Schalten der Köpfe bei der Wiedergabe zu
gewährleisten.

Audiospur 1 trägt im Falle von monophonen Aufzeichnungen das
Tonsignal, im Falle von Stereo das *Summensignal* und Audiospur
2 das *Differenzsignal*. Audiospur 3 ist zur freien Verfügung
(z. B. SMPTE-Zeitcode). Falls Audiospur 4 verwendet wird,
kann man sie für Schnittzwecke benutzen.
Für *elektronischen Schnitt* und für *Video-Hinterbandkontrolle*
können entsprechend Bild 10.10 *zwei weitere Kopfpaare* auf dem
Kopfrad angeordnet sein. Das eine Paar fungiert als *Löschkom-*
bination für Haupt- und Sync-Videospur und das andere als *Le-*
sekopfpaar. Sie bilden mit dem eigentlichen Schreib-Lesekopf-
paar Winkel von $\pm$ 120°. Sind Schnitt und Hinterbandkontrolle
nicht vorgesehen, so müssen an diesen Stellen des Kopfradum-
fangs mechanisch gleichwertige *Atrappen* (Dummies) angebracht
werden, die das Band mechanisch genau so beanspruchen wie die
Hauptköpfe. Damit entstehen auf dem Umfang symmetrisch verteilt 6 *Polschuhspitzen* mit einer Höhe über dem Trommelmantel
von etwa 60 µm. Das gewährleistet einen gleichmäßigen Bandlauf mit minimalen Geometriefehlern.
Der Lesekopf für Hinterbandkontrolle kann auch mit automati-
scher Spurnachführung DTF (s. Abschnitt 5.3.9) ausgestattet
sein und liefert dann besonders hochwertige Standbild- und
Zeitlupenwiedergabe.

Tabelle 10.5 enthält die Zusammenstellung der wichtigsten
geometrischen Parameter des 1"-C-Standards.

10.3.4.2. Parameter der Signalverarbeitung

Die *elektrischen Signalparameter* des C-Standards sind, was
die FCC-Norm anbetrifft, einschließlich der Videopreemphasis
und Deemphasis *identisch mit denen des B-Standards*.
Lediglich bei der CCIR-Norm gibt es Abweichungen in den Modu-
lationsfrequenzen für das Videosignal. Hier gilt für den

625/50-CCIR-C-Standard

$$f_{sync} = 7,16 \text{ MHz}; \quad f_{sw} = 7,68 \text{ MHz}; \quad f_{ws} = 8,90 \text{ MHz}.$$

Parameter	625/50-CCIR-Norm	525/60-FFC-Norm
Magnetband	25,4 mm (1"), γFe_2O_3 oder CrO_2, magnetisch längsorientiert, offene Spule	
Bandgeschwindigkeit (mm/s)	239,8	244,0
Kopfraddurchmesser (mm)	134,62	
Zahl der Köpfe auf dem Kopfrad	1 ... 6 aktive Köpfe, wenn weniger als 6 aktive Köpfe, dann entsprechende Dummies	
Kopfraddrehzahl (Hz)	50	60
Spuren pro Halbbild	1	
Umschlingung	346,2°	
Aufzeichnungslücke (Gap)	13,8°	
Spurumschaltung bei zusätzlicher V-Sync-Spur	12 Zeilen vor V-Sync	10 Zeilen vor V-Sync
Zahl der Zeilen auf zusätzlicher V-Sync-Spur	18,75	15,75
Spuren pro Sekunde	50	60
Kopf/Bandgeschw. (m/s)	21,146	25,375
Spurabstand (mm)	0,214	0,182
Spurbreite (mm)	0,160	0,130
Rasen (mm)	0,054	0,052
Spurneigung	2,562°	2,567°
Bandverbrauch (cm^2/s)	60,91	61,98

Tabelle 10.5: Die wichtigsten geometrischen Parameter des 1"-C-Standards

10.4. 3/4-Zoll-Helical-Scan Standard U/E

Im Bereich des 3/4"-Bandformates ist die Normenvielfalt relativ gering. Hier existiert im wesentlichen der *U-Standard*, der etwa 1968 von Sony mit den *U-Matic*-Recordern eingeführt wurde und der in den USA als *Standard E* genormt ist. Es handelt sich dabei um ein *Kassettenformat*, das für institutio-

nelle und industrielle Schulung und Ausbildung konzipiert
wurde, aber in einer Highband-Version *U-Matic H* auch für EBE
und EAP zum Einsatz kommt. Es arbeitet mit nicht segmentier-
tem Zweikopf-Schrägspurverfahren und gestattet für alle Farb-
fernsehnormen Aufzeichnungen nach dem Colour-Under-Prinzip
(s. Abschnitt 5.3.5).

10.4.1. Geometrische Parameter und Spurlagenschema

Die *Bandführung* beim U-Matic-Standard ist in Bild 10.13 dargestellt. Das Band wird automatisch aus der Kassette gezogen
und relativ aufwendig in Form eines großen U um das Kopfrad
gefädelt. Diesem *U-loading*-Prinzip verdankt die Technik auch
ihren Namen. Die Spulen liegen in einer Ebene nebeneinander.
Der Kopfraddurchmesser beträgt 110 mm, die Trommeldrehzahl
25 bzw. 30 Hz. Das Band bewegt sich mit 9,53 cm/s. Die *Band-
Kopf-Geschwindigkeit* errechnet sich näherungsweise aus Kopf-
umfangsgeschwindigkeit minus Bandgeschwindigkeit (s. Spurlagenschema) und beträgt etwa 10 m/s. (Details in Tabelle 10.6).

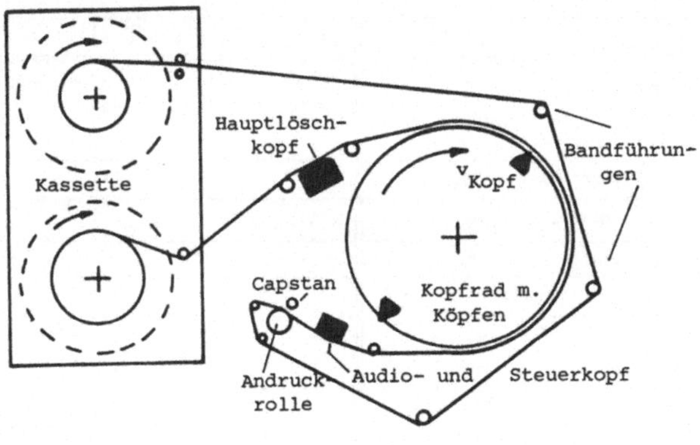

<u>Bild 10.13:</u> U-Matic-Bandführung, Prinzip

Der *Steigungswinkel* der Helix (und damit ungefähr auch der
Spuren) beträgt 4,91°.
Die beiden Videoköpfe liegen auf einem Durchmesser (β = 180°),
und der Umschlingungswinkel α hat etwa 190°. Der Bild-Tonver-

satz ist gleich dem Bild-Steuerspurversatz und beträgt 74 mm
$\triangleq$ 19,4 Vollbilder bei 625/50 CCIR-Norm. Das *Spurlagenschema*
zeigt Bild 10.14 (Schichtseite des Bandes, Unterkante oben).

An der unteren Bandkante, die gleichzeitig Referenzkante ist,
liegen 2 Audiospuren. Die obere Kante trägt die Steuerspur.
Tabelle 10.6 enthält die wichtigsten geometrischen Parameter.

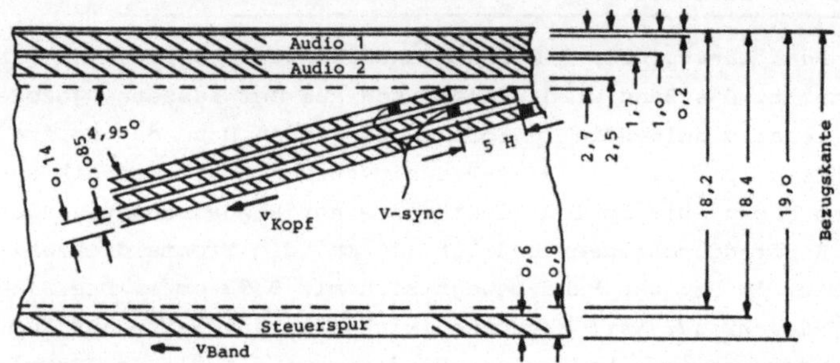

Bild 10.14: U-Matic Spurlagenschema (Bandunterkante obenliegend gezeichnet)

Parameter	625/50 CCIR	525/60 FCC
Magnetband	19 mm (3/4"), γFe_2O_3, magnetisch längsorientiert, Kassette	
Bandgeschwindigkeit (mm/s)	95,0	95,3
Kopfraddurchmesser (mm)	110	
Kopfraddrehzahl (Hz)	25	30
Umschlingung (°)	190	
Kopf-Bandgeschwindigkeit (m/s)	8,54	10,26
Videospurabstand (mm)	0,137	
Videospurbreite (mm)	0,085	
Videospurrasen (mm)	0,052	
Videospurlänge (mm)	172,8	
Videospurneigung (°)	4,91	
Bild/Ton-Versatz Bild/CT-Versatz (Vollbilder)	19,41	23,29
Bandverbrauch (cm²/s)	18,05	18,1

Tabelle 10.6: Die wichtigsten geometrischen Daten des 3/4"-U/E-Standards

10.4.2. Parameter der Signalverarbeitung

Der *U/E-Standard* verwendet *Luminanz-FM-Aufzeichnung* mit begrenzter Bandbreite und *Colour-Under-Hilfsträger*. Die Luminanz-FM fungiert dabei gleichzeitig als Vormagnetisierung für das quadraturamplitudenmodulierte Chrominanzsignal. Die *Luminanz-Preemphasis* entspricht dem Frequenzgang eines RC-Hochpasses nach Bild 10.15, der durch die folgenden Gleichungen definiert ist:

$$T = R_1 \cdot C = 600 \text{ ns} \qquad (10.1)$$

$$K = \frac{R_1}{R_2} = 2{,}5. \qquad (10.2)$$

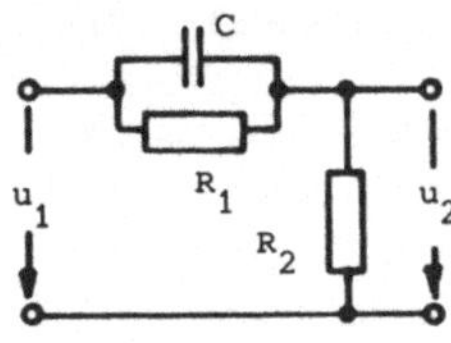

Bild 10.15: Luminanz-preemphasis

Tabelle 10.7 enthält zusammenfassend die wichtigsten elektrischen Signalparameter des U/E-Standards.

Parameter		625/50 CCIR-Norm		525/60 FCC-Norm
Aufzeichnungsart		Luminanz: FM Chrominanz: Colour-Under mit Hilfsträger f_{cu}		
- 3dB-Video-Bandbreite (MHz)		3,2		3,0
Modulations-frequenzen (MHz)	f_{sync}	3,8 (U)	4,8 (U-HB)	3,8 (E)
	f_{ws}	5,4	6,4	5,4
Hub f_H (MHz)		1,6		1,6
f_{cu} (kHz)		687,5	923,8	688,4

Tabelle 10.7: Die wichtigsten elektrischen Signalparameter des 3/4"-U/E-Standards

10.5. 1/2-Zoll-Helical-Scan Standards

10.5.1. Allgemeines

Die *Videoaufzeichnung auf 1/2"-Band* basiert auf *Kassettensystemen*, kam etwa Mitte der sechziger Jahre auf den Markt, und

zwar zunächst für den semiprofessionellen Bereich. In Europa
wurde das von Philips und Grundig entwickelte *VCR-System*
(Video Cassette Recording) als Europa-Standard I genormt. Es
hatte bis etwa Ende der siebziger Jahre Bedeutung. Die Kassetten tragen übereinander angeordnete Spulen; die Videospuren werden mit Rasen ohne Slanted Azimuth-Technik (s. Abschnitt 5.2.4.3) aufgezeichnet. Etwa 1977 kam eine neue Version in Form des *SVR-Systems* (Super Video Recorder) hinzu,
das auf der Basis der weiterentwickelten VCR-Chromdioxid-Kas-
sette und Slanted-Azimuth-Köpfen eine wesentliche Erhöhung
der Aufzeichnungsdichte und damit der Spieldauer (bis zu 5
Stunden/Kassette) brachte. Es ist nicht kompatibel mit VCR-I.

1975 brachten die Japaner zwei konkurrierende, nicht kompa-
tible Kassettensysteme für Amateur- und Heimanwendung auf den
Markt: *Betamax* (Sony) und *Video Home System VHS* (JVC). 1979
kam die europäische Alternative dazu in Form von *Video 2000*
(Philips, Grundig) heraus. Diese 3 Standards bieten unterein-
der etwa gleiche Qualität, übertreffen VCR und SVR in vielen
Punkten und haben sie mittlerweile weitestgehend abgelöst.
Wir werden uns bei der Behandlung technischer Details deshalb
auf Betamax, VHS und Video 2000 beschränken.

Auf der Basis der Betamax-Kassette entwickelte Sony das *professionelle Betacam-System* (s.a. Abschnitt 5.3.7), das 1981
vorgestellt wurde und mittlerweile im EBE/EAP-Bereich weite
Verbreitung gefunden hat. RCA/Panasonic ging den Weg über die
VHS-Kassette und führte praktisch gleichzeitig das *Chroma-
track/M-System* ein (s.a. Abschnitt 5.3.6).

Die beiden Standards basieren auf der Überlegung, die in großen
Stückzahlen und damit preisgünstig gefertigten Komponenten
der Heimvideorecorder (Kassette, Laufwerk) durch Verwendung
hochwertiger Signalverarbeitung professionell einsetzbar zu
machen. Der Preis dafür liegt vor allem in der notwendigen
höheren Aufzeichnungsgeschwindigkeit und der dadurch beding-
ten kürzeren Spielzeit einer Kassette. Die Normung der Verfahren durch SMPTE und EBU ist im Gange, und wir werden, so-

weit Details nicht schon in den Abschnitten 5.3.6 und 5.3.7
behandelt wurden, in 1Q.5.3 die wichtigsten Parameter zusammenstellen.
Dabei steht die 625/50-CCIR-Norm im Vordergrund.

10.5.2.   1/2-Zoll-Standards für Amateuranwendungen
(Betamax, VHS, Video 2000)

Wir wollen zunächst einmal die *prinzipiellen Gemeinsamkeiten*
aller 3 Standards in geometrischer und elektrischer Hinsicht
erörtern und dann die *Unterschiede* betrachten. Die Systeme
untereinander sind *nicht kompatibel,* allerdings herrscht zwischen Geräten und Kassetten desselben Standards Austauschbarkeit *(Systemkompatibilität)* bezüglich verschiedener Fabrikate.

10.5.2.1. Prinzipielle Gemeinsamkeiten der 3 Systeme

Alle 3 Systeme arbeiten mit *nichtsegmentierter Zweikopf-Halb-
bildaufzeichnung.* Die *Rasenbreite* ist gleich *Null,* die Köpfe
besitzen *Slanted Azimuth.* Die Kopfraddrehzahl beträgt 25 Hz
(625/50 CCIR). Band und Kopfrad bewegen sich in gleicher
Richtung, so daß der *Spurneigungswinkel* im normalen Betrieb
etwas steiler ist als es der Steigung der Helix entspricht.
Magnet-Bandmaterial und *-bandbreite* sind identisch, nicht jedoch die Kassettenabmessungen.

Die Farbaufzeichnung erfolgt nach dem *Colour-Under*-Verfahren.
Die *Chromainformation* wird aus dem FBAS-Band auf einen Hilfsträger heruntergemischt, der phasenstarr mit f_H verkoppelt
ist (s.a. Abschnitt 5.3.5). Das bandbegrenzte *Luminanzsignal*
erhält eine *pegelabhängige Preemphasis.* Das *FM*-Luminanzsignal
steuert das Band sehr weit aus, es wirkt gleichzeitig als HF-Vormagnetisierung für das Colour-Under-Chromi-
nanzsignal.
Durch geeignete Wahl der geometrischen Lage der einzelnen
Zeilen auf dem Band (alternierender Zeilenversatz, s.a. Abschnitt 5.3.5.2) wird das Übersprechen minimiert.
Bei der *Wiedergabe* sorgen *Kammfilterstufen* für eine Entkopp-

lung zwischen Chrominanz- und Luminanzinformation (Beseitigung von Cross-Colour und Cross-Luminance).
Mittels *Kosinusentzerrung* (Prinzip s. Abschnitt 5.4.2.1)
oder ähnlichen Techniken wird wiedergabeseitig eine nachträgliche Kantenbetonung bei der Bilddarstellung *(Crispening)*
durchgeführt, um den Detailverlust durch die Videobandbegren-
zung vor der Aufzeichnung möglichst zu kompensieren.

10.5.2.2. Unterschiede zwischen den 3 Systemen

In den geometrischen und elektrischen Details unterscheiden
sich alle 3 Systeme. Das bezieht sich auf

- Kopftrommeldurchmesser
- Spurlagenschema und alle damit verknüpften Parameter
  (Spurbreite, Kopfazimuth, Spurneigung usw.)
- Bandkassettenabmessungen (damit auch Spieldauer)
- Bandführungsmechanismus
- Bandgeschwindigkeit
- Kopf/Bandgeschwindigkeit
- Videobandbreitenbegrenzung
- FM-Modulationsfrequenzen
- Colour-Under-Hilfsträger.

Das *Video-2000-System* besitzt im Gegensatz zu Betamax und
VHS noch zwei besondere Merkmale

- *Dynamische Spurnachführung* (DTF, s. Abschnitt 5.3.9)
- *Halbierung der Aufzeichnungsspurbreite* und damit Bespiel-
  barkeit der Kassette von beiden Seiten.

Tabelle 10.8 gibt eine vergleichende Übersicht über die geometrischen Parameter von Betamax, VHS und Video 2000.

Die Bilder 10.16 bis 10.18 zeigen schematisch das Prinzip der
Bandführung. Betamax und Video 2000 verwenden das *U-Loading*-
Prinzip, während VHS nach dem *M-Loading*-Verfahren arbeitet.

Parameter	Betamax	VHS	Video 2000
Magnetband	12,5 mm (1/2"), γ Fe$_2$O$_3$ oder CrO$_2$, Kassetten systemspezifisch		
Bandgeschwindigkeit (mm/s)	18,73	23,39	24,4
Zahl der Köpfe auf dem Kopfrad (ohne HiFi-Ton)	2		
Kopfraddrehzahl (Hz)	25		
Kopfraddurchmesser (mm)	74,5	62	65
Spuren pro Halbbild	1		
Kopfumschlingungswinkel α	190°	190°	186°
Kopf-Band-Geschwindigkeit (m/s)	5,83	4,84	5,08
Videospurabstand (mm)	0		
Videospurbreite (μm)	32,8	49,0	22,6
Kopfspaltwinkel (Azimuth)	$\pm\,7^{\circ}$	$\pm\,6^{\circ}$	$\pm\,15^{\circ}$
Bandverbrauch cm^2/s	2,34	2,92	1,51

Tabelle 10.8: Übersicht über die wichtigsten geometrischen Parameter der Systeme Betamax, VHS und Video 2000   (625/50 CCIR)

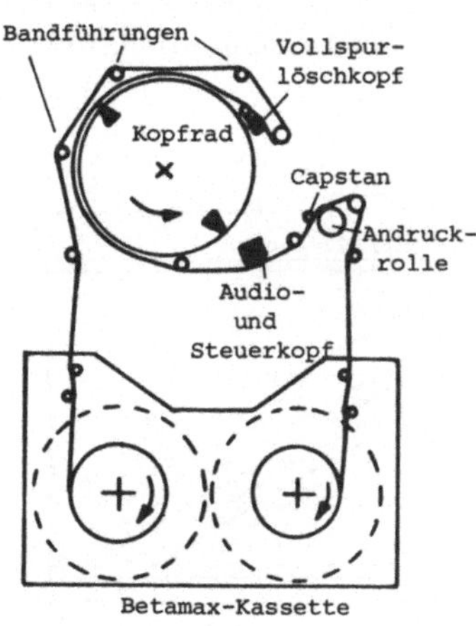

Bild 10.16: Bandlauf
Betamax (Sony)

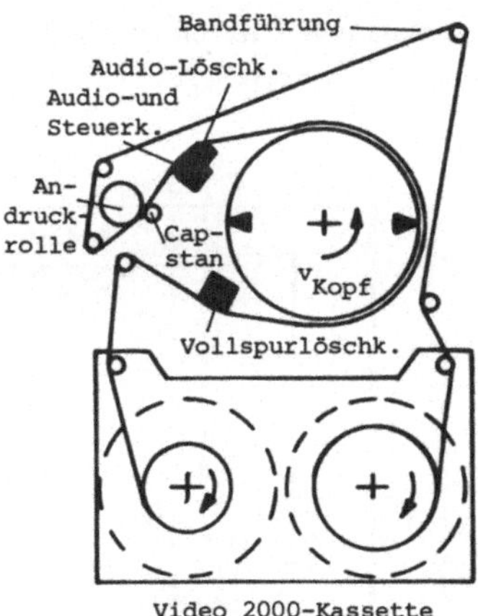

Bild 10.17: Bandlauf
Video 2000 (Grundig)

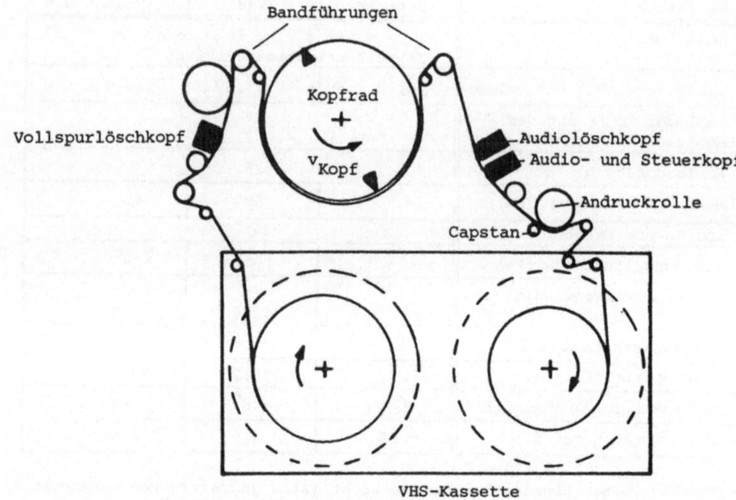

Bild 10.18: Bandlauf VHS (Telefunken)

In den Bildern 10.19 ... 10.20 sind die Spurlagenschemata der
3 Standards (Blick auf Schichtseite des Bandes) nicht maßstäblich dargestellt.

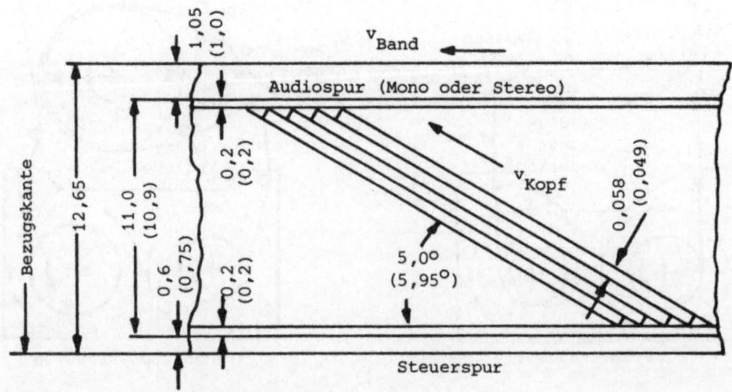

Bild 10.19: Spurlagenschema Betamax und VHS

Die Spurlagen bei Betamax und VHS sind ähnlich, deshalb enthält Bild 10.19 die Maße für Betamax und VHS (in Klammern). Die Tonspur kann entweder einen Mono- (volle Breite) oder 2 Stereokanäle mit je o,35 mm Breite und einem dazwischenliegenden Rasen enthalten.

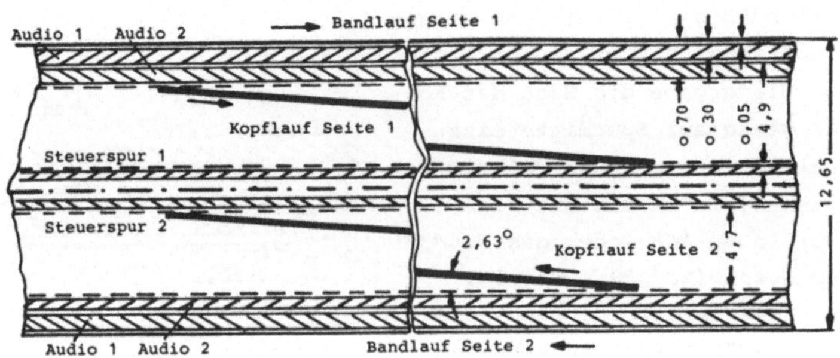

Bild 10.20: Spurlagenschema Video 2000

Tabelle 10.9 enthält eine Gegenüberstellung der wichtigsten elektrischen Signalparameter. Es sei noch darauf hingewiesen, daß Betamax mit zeilenfrequent wechselndem Hilfsträger f_{cu} arbeitet (s. a. Abschnitt 5.3.2.5).

Parameter		Betamax	VHS	Video 2000
Aufzeichnungsart		Luminanz: FM mit vorheriger Bandbegrenzung Chrominanz: Colour-Under mit Hilfsträger f_{cu}		
- 3 dB Videoband breite (MHz)		3,0	3,0	3,0
Modulations-frequenzen (MHz)	f_{sync}	3,8	3,8	3,4
	f_{ws}	5,2	4,8	4,75
Hub f_H (kHz)		1,4	1,0	1,35
Chromaträger f_{cu} (kHz)		A: 685,546 $(43,875 \cdot f_H)$ B: 689,453 $(44,125 \cdot f_H)$	626,9 $(40,125 \cdot f_H)$	625 $(40 f_H)$

Tabelle 10.9: Vergleich der wichtigsten elektrischen Signalparameter von Betamax, VHS und Video 2000

10.5.2.3. Dynamische Spurführung (DTF) bei Video 2000

Im Abschnitt 5.3.9 wurde das allgemeine Prinzip der *Dynamischen Spurführung* (Dynamic Track Following, DTF) bereits erläutert, das in Bild 10.21 noch einmal dargestellt ist. Aufgabe der Akuatorsteuerung ist es, bei Aufnahme für ein gleichmäßiges Spurbild zu sorgen (konstante Akuatorspannung) und bei Wiedergabe die Höhe des Kopfes genau auf Spurmitte einzustellen. Das kann im Prinzip geschehen, indem man entweder den *Kopf* in der *Höhe* oder das *Band* in der *Geschwindigkeit* regelt. Dazu ist es erforderlich, die *Istlage* Kopf/Spur zu erfassen und in einem Regelkreis zu korrigieren. Im *professionellen* Bereich, wo zwischen den Spu-

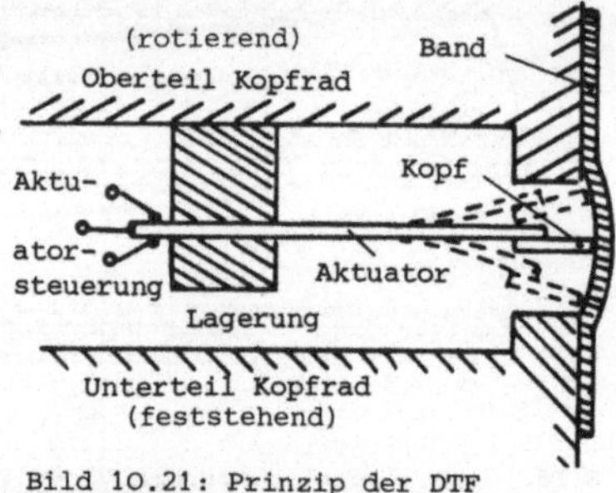

Bild 10.21: Prinzip der DTF (schematischer Schnitt)

ren noch Rasen liegt, geschieht das, indem der Akuator eine Wechselspannung von 150 Hz erhält, die ihn schlangenförmig über die Spur führt. Das Wiedergabesignal erhält dadurch eine leichte Modulation, deren Amplitude und Phase ein Maß für die Spurablage sind und die man zur Regelung des *Capstan* verwendet.

Bei *Video 2000* wird der andere Weg beschritten, indem man die Köpfe steuert. Hierfür werden in einer Vierer-Sequenz *zusätzliche DTF-Frequenzen* f_1 ... f_4 aufgezeichnet, die für die Dauer einer Spur konstant sind. Sie haben folgende Werte:

$$
\begin{array}{lll}
\text{Kopf 1} & f_1 = 102 \text{ kHz} & (\text{Spur 1}) \\
\text{Kopf 2} & f_2 = 117 \text{ kHz} & (\text{Spur 2}) \\
\text{Kopf 1} & f_4 = 164 \text{ kHz} & (\text{Spur 3}) \\
\text{Kopf 2} & f_3 = 149 \text{ kHz} & (\text{Spur 4}) \\
\text{Kopf 1} & f_1 = 102 \text{ kHz} & (\text{Spur 5}) \\
& \vdots &
\end{array}
\qquad (10.3)
$$

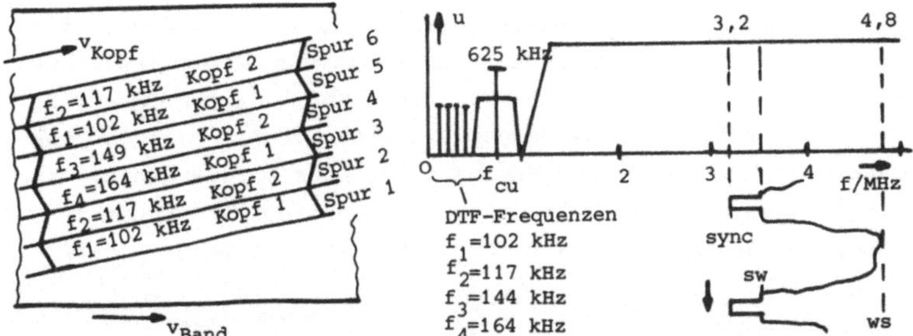

Bild 10.22: DTF-Frequenzen
Im Spurlagenschema (Video 2000)

Bild 10.23: Spektrale Verteilung der
DTF-Frequenzen im Aufzeichnungskanal

Bild 10.22 zeigt vereinfacht die Frequenzverteilung im Spurlagenschema, und in Bild 10.23 ist das Frequenzspektrum im
Video 2000-Aufzeichnungskanal dargestellt. Das Prinzip der
Spurführung bei Wiedergabe zeigt folgendes Beispiel: Der
Kopf 1 taste die Spur 3 ab. Er erhält dabei, wenn er korrekt
geführt wird, nur die Spurfrequenz f_4 = 164 kHz. Weicht er
nach *unten* ab, so entsteht zusätzlich f_2 = 117 kHz und daraus
durch *Differenzbildung* $f_4 - f_2$ = 47 kHz. Im Falle einer Abweichung nach *oben* erfaßt Kopf 1 einen Teil von Spur 4, und
man erhält die Differenzfrequenz f_4-f_3 = 15 kHz. Die *Frequenz*
der Differenz ist eine Aussage über das *Vorzeichen* der Kopf-
abweichung, und die *Amplitude* ist ein Maß für den *Betrag*.
Diese Größen gestatten nun die exakte Fehlerkorrektur. Größere Abweichungen, die durch gleiche Polarität des Fehler-
signals aus beiden Köpfen über mehrere Spuren gekennzeichnet
sind, werden über den Capstan-Servo ausgeregelt.

Eine zusätzliche Regelung sorgt außerdem dafür, daß die *Spur-
erzeugung bei Aufnahme* mit konstanter Breite erfolgt. Hierfür
muß die Istlage des aufzeichnenden Kopfes bezüglich der zuvor
aufgezeichneten Spur erfaßt werden. Dies geschieht mit Hilfe
einer *Burstfrequenz* f_5 = 223 kHz, die entsprechend Bild
10.24   5 Zeilen nach Beginn des V-Sync für die Dauer von 1,5

Zeilen aufgezeichnet wird ("Schreiben Burst", SB). Danach wird
der aufzeichnende Kopf für die Dauer von 1,5 Zeilen auf Wiedergabe geschaltet. Er erfaßt dabei auch einen Teil des Leit-
bursts der gerade zuvor geschriebenen Spur ("Lesen Spur",LB).
Die dabei ermittelte Wiedergabeamplitude von f_5 wird gespeichert und beim Schreiben der nächsten Spur mit dem Wert,
der dann durch die LB-Aktion ermittelt wird, verglichen.
Haben die Spuren die gewünschte Lage, so sind beide Anteile

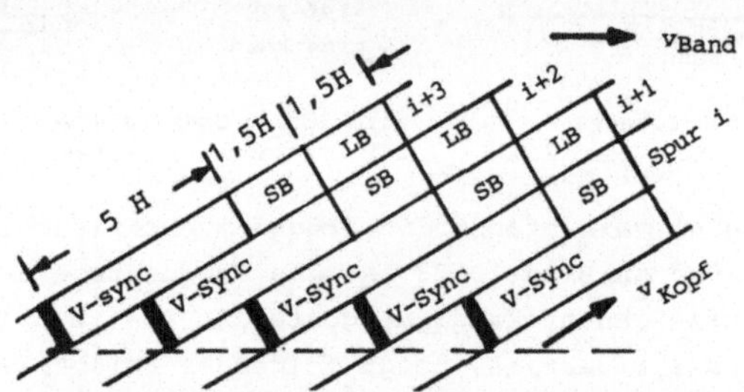

Bild 10.24: Spurbreitenregelung mit Leitburst
bei Aufnahme (Video 2000)

gleich. Definiert man nun Kopf 1 als Bezugskopf und gibt ihm
während der Aufzeichnung die Aktuatorspannung Null, so läßt
sich die Spurführung exakt einstellen, indem Kopf 2 jeweils
so nachgestellt wird, daß die Amplitudendifferenz von f_5 in
den aufeinanderfolgenden Spuren Null wird.

10.5.3. Professionelle 1/2-Zoll-Verfahren für EBE und EAP

Nachfolgend werden 2 Verfahren beschrieben, bei denen eine
*getrennte Modulation und eine getrennte Aufzeichnung von Lu-
minanz und Chrominanz* vorgenommen wird. Dadurch werden die
sonst immer Schwierigkeiten bereitenden *Cross-Colour-* und
*Cross-Luminanz*probleme weitestgehend umgangen. Cross-Colour
ist das Übersprechen von höherfrequenten Luminanzanteilen in
den Chrominanzkanal (farbiges Moiré bei feinen Strukturen)
und Cross-Luminanz das Auftreten des Farbträgermoirés in monochromen Bildern.

10.5.3.1. Das Chromatrack/M-Verfahren

In Abschnitt 5.3.6 haben wir die wesentlichen Systemmerkmale
des *Chromatrack/M*-Verfahrens bereits erörtert. Wir können uns
deshalb hier auf einige Ergänzungen beschränken. In Bild
10.25 sind die Bandführung und die Kopfanordnung schematisch
dargestellt.

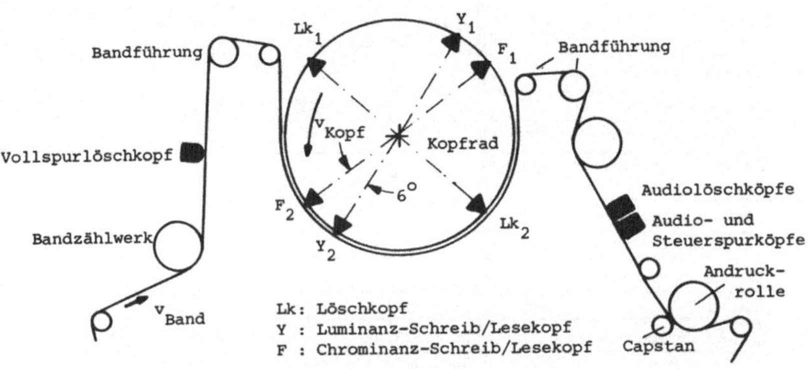

Bild 10.25: Bandführungsschema und Kopfanordnung
beim Chromatrack/M-Standard (Panasonic)

Das Spurlagenschema zeigt Bild 10.26. In Tabelle 10.10 sind
die wichtigsten Systemparameter zusammengestellt. Es sei noch
vermerkt, daß bei NTSC die I- und Q-Farbdifferenzsignale und bei PAL und SECAM die (B-Y)- und (R-Y)-Signale frequenzmoduliert werden, und zwar unterdrückt man bei

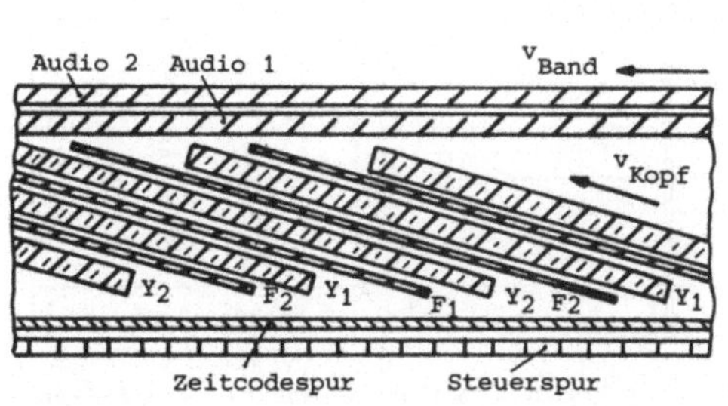

Bild 10.26: Spurlagenschema Chromatrack/M

der Q- bzw. (B-Y)-Komponente vor der Modulation das H-Syn-
chronsignal. Die frequenzmodulierten Farbdifferenzsignale
heißen U- und V-Signal (s.a. TSS 77, "Farbfernsehtechnik").

Parameter		625/50 CCIR	525/60 FCC
Magnetband		12,65 mm (1/2"), high density, längsorientiert, VHS-Videokassetten	
Bandgeschwindigkeit (mm/s)		187,877	204,5
Kopfraddurchmesser (mm)		62	
Zahl der Köpfe auf dem Kopfrad		2 für Luminanz (2 Löschköpfe) 2 für Chrominanz	
Kopfraddrehzahl (Hz)		25	30
Spuren pro Halbbild		1 Luminanz + 1 Chrominanz	
Kopfumschlingung (°)		> 180	
Kopf-Bandgeschwindigkeit (m/s)		4,68	5,64
Spurneigungswinkel (°)		4,7	
Luminanzspurbreite (mm)		0,175	
Chrominanzspurbreite (mm)		0,091	
Rasen (mm)		0,022	
Bandverbrauch cm^2/s		23,88	25,87
Signalaufzeichnungsart		Luminanz: FM in einer Spur Chrominanz: FM der Farbdifferenzsignale auf unterschiedliche Träger U und V und getrennte Spur	
- 3 dB-Videobandbreite (MHz)		3,6	
- 3 dB-Chrominanzbandbreite (MHz)		1,0	
Modulations-frequenzen (MHz)	Y f_{sync}	4,3	4,3
	Y f_{ws}	5,3	5,9
	U f_{sw}	0,95	0,75
	U f_{ws}	1,55	1,25
	V f_{sync}	5,06	4,66
	V f_{ws}	6,5	6,0
- 3 dB-Audiobandbreite		50 Hz ... 15 kHz	

Tabelle 10.10: Die wichtigsten Systemparameter des Chromatrack/M-Standards

10.5.3.2.   Das Betacam-Verfahren

Im Abschnitt 5.3.7 wurde das Prinzip des Betacam-Verfahrens
bereits erläutert. Wir wollen hier lediglich einige Details
ergänzen. Bild 10.27 zeigt das Bandführungsschema. Es ist im
wesentlichen identisch mit dem des Betamax-Verfahrens und arbeitet mit U-Loading. Die Kopfanordnung ist prinzipiell gleich
der beim Chromatrack/M-Standard (Bild 10.25). Lediglich die
Werte für d, α und h sind anders (s. Abschnitt 5.3.7 und
Bild 5.23).

Das Spurlagenschema ist in Bild 10.28 dargestellt. In Bild

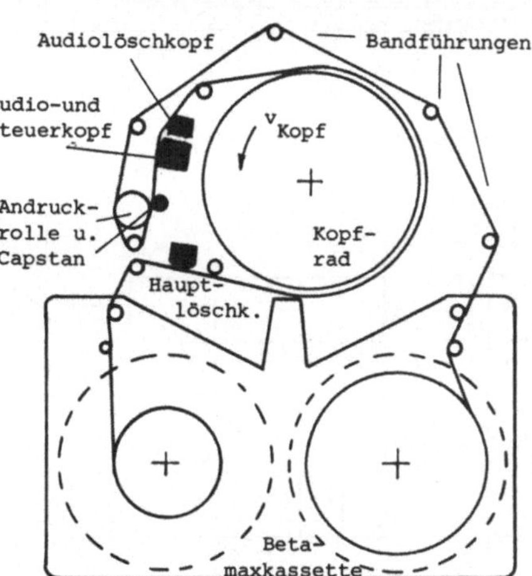

10.29 finden wir
links die Zeitkom-
pression des Chromi-
nanzsignals für den
EBU-Farbbalken
skizziert. Die (R-Y)-
und (B-Y)-Farbdiffe-
renzamplituden (s.a.
TSS 77, "Farbfernseh-
technik") sind im
aktiven Teil der Zei-
le auf 50% ihrer
Originaldauer kom-
primiert.

<u>Bild 10.27:</u> Bandführungsschema Betacam
maßstäblich zur Kassette

Bild 10.29 zeigt außerdem rechts die Zuordnung der Y- und
Chromasignale zusammgehöriger Zeilen. Wir erkennen einen Versatz von 1 Zeile; er ist bedingt durch den azimuthalen Versatz der Luminanz- und Chrominanzköpfe.

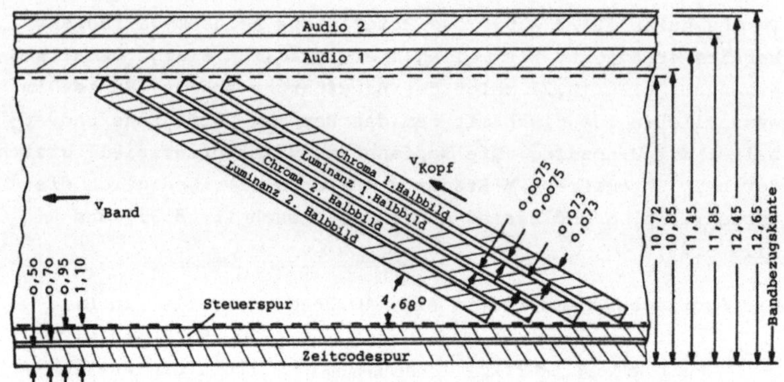

Bild 10.28: Spurlagenschema Betacam-Standard (Schichtseite)

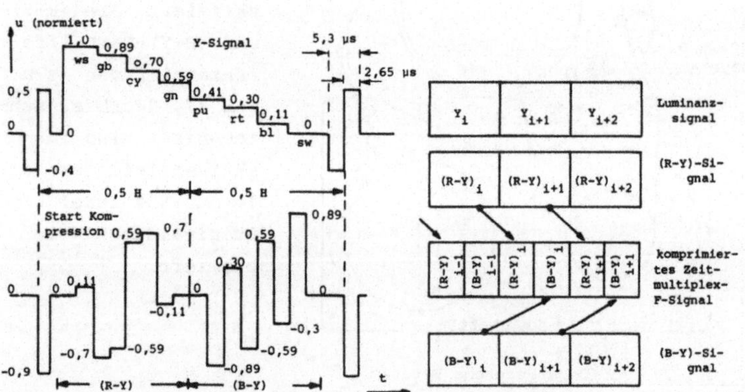

Bild 10.29: Prinzip der Zeitkompression des Chromasignals
beim Betacam-Verfahren

Tabelle 10.11 enthält die wichtigsten Parameter des Betacam-Standards.

Parameter			625/50 CCIR	525/60 FCC
Magnetband			12,65 mm (1/2") high density, längsorientiert, Betamax-Kassetten	
Bandgeschwindigkeit (mm/s)			101,5	118,6
Kopfraddurchmesser (mm)			74,5	
Zahl der Köpfe auf dem Kopfrad			2 für Luminanz 2 für Chrominanz (2 Löschköpfe)	
Kopfraddrehzahl (Hz)			25	30
Spuren pro Halbbild			1 Luminanz + 1 Chrominanz	
Kopfumschlingung (°)			> 180	
Kopf-Bandgeschwindigkeit (m/s)			5,7	6,9
Spurneigungswinkel (°)			4,681	4,679
Luminanzspurbreite (mm)			0,073	
Chrominanzspurbreite (mm)			0,073	
Rasen (mm)			0,0075	
Bandverbrauch cm^2/s			12,78	15,00
Signalaufzeichnungsart			Luminanz: FM in einer Spur Chrominanz: Zeitkompression der Farbdifferenzsignale, anschließende FM auf 1 Träger und zweite Spur	
- 3 dB Videobandbreite (MHz)			4	4,1
- 3 dB Chrominanzbandbreite (MHz)			1,5	1,5
Modulationsfrequenzen (MHz)	Y	f_{sync}	4,4	
		f_{ws}	6,4	
	F	f_{sw}	3,5	
		f_{ws}	4,5	
- 3 dB-Audiobandbreite			50 Hz ... 15 kHz	

Tabelle 10.11: Die wichtigsten Parameter des Betacam-Standards

10.6.   8 mm-Standard für Amateuranwendungen

Seit Beginn der achtziger Jahre sind intensive Bemühungen im
Gange, ein weltweit einheitliches *8 mm-Videoaufzeichnungsfor-
mat* zu normen. Hintergrund ist das Bestreben, eine Alternative

zur Super-Acht-Filmkamera zu schaffen. Mittlerweile sind die
Normungsarbeiten, an denen alle wichtigen Hersteller betei-
ligt sind, sehr weit gediehen. Seit 1984 existiert je eine
Version für 625/50 CCIR und 525/60 FCC.

Der *Kopftrommeldurchmesser* beträgt 40 mm. Es findet *Schrägspuraufzeichnung* mit 2 Videoköpfen statt. Das *Luminanzsignal*
wird bandbegrenzt und frequenzmoduliert. Das *Chromasignal*
wird im Colour-Under-Verfahren aufgezeichnet. Für die Wahl
des Hilfsträgers gilt

$$f_{cuPAL} = (47 - \tfrac{1}{8}) \, f_H \qquad (625/50 \text{ CCIR}) \qquad (10.4)$$

und
$$f_{cuNTSC} = (47 + \tfrac{1}{4}) \, f_H \qquad (525)60 \text{ FCC}) . \qquad (10.5)$$

Die Bandgeschwindigkeit beträgt lediglich 2,005 cm/s für CCIR
und 1,435 cm/s für FCC. Da die *longitudinale Tonaufzeichnung*
bei dieser niedrigen Geschwindigkeit qualititiv nicht zufrie-
denstellend ist, wird *alternativ* dazu entweder eine *FM-* oder
eine *PCM-Technik* vorgeschlagen, bei der der Ton im Frequenzmultiplex mit dem Videosignal durch das Kopfrad aufgezeichnet
wird.

Für die Ton-FM-Trägerfrequenz (Mono) ist festgelegt f_{TNF} =
1,5 MHz; der Hub beträgt $f_{HNF} = \pm$ 100 kHz. Stattdessen ist
auch Stereo-PCM möglich. Dafür wird jedoch ein spezieller
Teil der Schrägspur verwendet (s. Spurlagenschema Bild

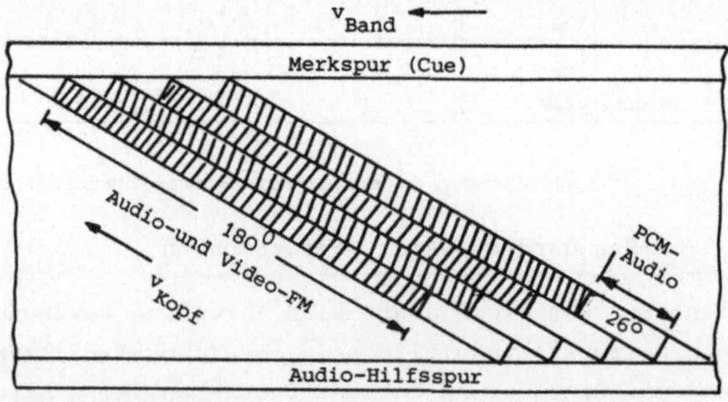

Bild 10.30: Spurlagenschema 8 mm-Video-Standard (Schichtseite)

10.30). Der *Umschlingungswinkel* beträgt deshalb nicht 180°,
sondern 221°. Die Köpfe arbeiten mit *Slanted Azimuth* ($\pm$ 10°);
die *Rasenbreite* ist Null.

Die *Spurführung* erfolgt ähnlich wie bei Video 2000 mit 4 Pi-
lotfrequenzen nach dem DTF-Prinzip (s. Abschnitt 10.5.2.3).

Gleichzeitig *verzichtet* man auf eine *Steuerspur*, weil die
DTF genügend genau arbeitet. Die Pilottonfrequenzen $f_1 \ldots f_4$
sind phasenstarr an die Zeilenfrequenz gekoppelt, und zwar
über eine *Referenzfrequenz*, für die gilt

$$f_{ref} \text{ PAL} = 375\ f_H = 5{,}859375\ \text{MHz} \quad (625/50\ \text{CCIR}) \qquad (10.6)$$

und

$$f_{ref} \text{ NTSC} = 378\ f_H = 5{,}827500\ \text{MHz} \quad (525/60\ \text{FCC}). \qquad (10.7)$$

Daraus leiten sich die *DTF-Frequenzen* ab

$$
\left.
\begin{aligned}
f_1 &= f_{ref}/58 \\
f_3 &= f_{ref}/36
\end{aligned}
\right\} \quad \text{für Videokopf A}
$$

$$
\left.
\begin{aligned}
f_2 &= f_{ref}/50 \\
f_4 &= f_{ref}/40
\end{aligned}
\right\} \quad \text{für Videokopf B .}
$$

$$(10.8)$$

Das Frequenzspektrum das kompletten Multiplexsignals zeigt
Bild 10.31.

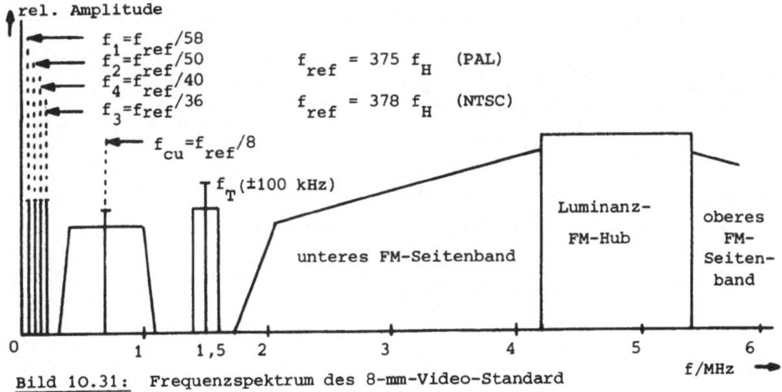

Bild 10.31: Frequenzspektrum des 8-mm-Video-Standard

In Tabelle 10.12 sind abschließend die wichtigsten Parameter der 8 mm-Norm zusammengefaßt.

Parameter		625/50 CCIR	525/60 FCC
Magnetband		8 mm Breite, Kassette 95 x 63 x 15 mm³	
Bandgeschwindigkeit (mm/s)		20,05	14,35
Kopfraddurchmesser (mm)		40,0	
Zahl der Köpfe auf dem Kopfrad		2	
Kopfraddrehzahl (Hz)		25	30
Kopfumschlingung (°)		221	
Kopf-Bandgeschwindigkeit (m/s)		3,1	3,8
Spurneigungswinkel (Betrieb) (°)		4,916	4,904
Neigungswinkel Helix (°)		4,885	
Videospurbreite (mm)		0,0344	0,0205
Rasenbreite (mm)		0	
Videospurlänge (°)		$180 \,\widehat{=}\, 312,5$ H	$180 \,\widehat{=}\, 262,5$ H
PCM-Tonspurlänge (°)		$26,29 \,\widehat{=}\, 45,6$ H	$26,32 \,\widehat{=}\, 38,4$ H
Bandverbrauch (cm²/s)		1,604	1,148
Signalaufzeichnungsart Videosignal		Luminanz: FM Chrominanz: Colour Under	
- 3 dB Videobandbreite (MHz)		3,0	
Aufzeichnungsart Audiosignal		Direkt mit HF-Vormagnetisierung oder: Mono FM in Videospur oder: Stereo PCM in Spezialspur	
Modulations-frequenzen Video (MHz)	f_{sync}	4,2	
	f_{ws}	5,4	
Colour Under-Träger (kHz)		$46,875 \; f_H = 732,42$	$47,125 \; f_H = 742,22$
Audiobandbreite (- 3 dB)		in Longitudinalspur: 50 Hz ... 8 kHz in Schrägspur : 20 Hz ... 20 kHz	

Tabelle 10.12: Die wichtigsten Parameter des 8 mm-Video-Standards

10.7. Der 1/4-Zoll-Lineplex-Standard für professionelle Anwendung

Das auf einem 1/4"-Magnetband basierende, von Bosch 1981 vorgestellte *Lineplex-System* wurde in den wesentlichen Punkten bereits im Abschnitt 5.3.8 behandelt. Mittels einer aufwendigen Signalverarbeitung, die auf der getrennten Aufzeichnung von Luminanz und Chrominanz in Zeit-, Spur- und Frequenzmultiplex beruht, ist es möglich geworden, mit einer extrem kleinen Kassette einen Qualitätsstandard zu erreichen, der professionellen Ansprüchen für EBE und EAP vollauf genügt. Zur Ergänzung von Abschnitt 5.3.8 werden nachstehend noch Systemparameter angegeben. Bild 10.32 zeigt die Anordnung der Köpfe auf dem Kopfrad, und in Bild 10.33 ist das Spurlagenschema dargestellt.

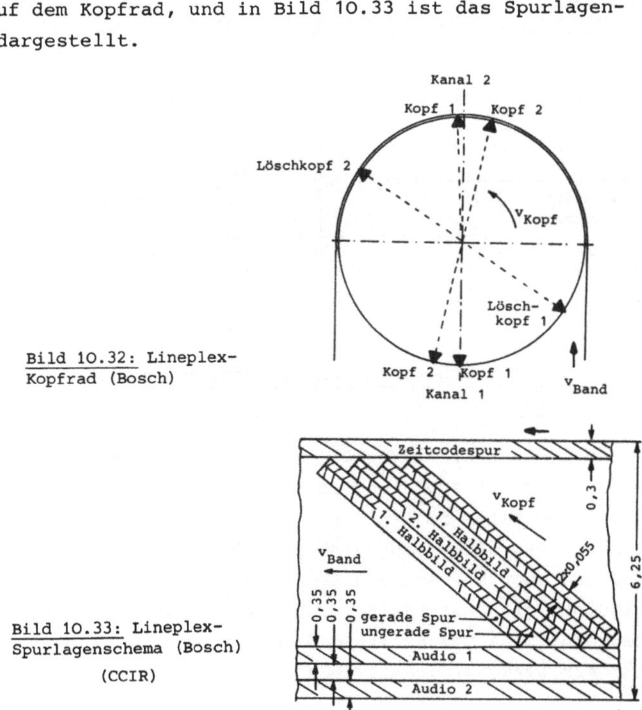

Bild 10.32: Lineplex-Kopfrad (Bosch)

Bild 10.33: Lineplex-Spurlagenschema (Bosch)
(CCIR)

In Tabelle 10.13 sind die wichtigsten Systemparameter zusammengestellt (625/50 CCIR-Norm).

Parameter		625/50 CCIR-Norm
Magnetband		6,25 mm (1/4") Kassette
Bandgeschwindigkeit (cm/s)		11,8
Kopfraddurchmesser (mm)		60,0
Zahl der Köpfe auf dem Kopfrad		6
Kopfraddrehzahl (Hz)		25
Kopfumschlingung (°)		> 180
Kopf-Bandgeschwindigkeit (m/s)		4,71
Spurneigungswinkel (°)		2,7
Videospurbreite (mm)		0,055
Rasenbreite (mm)		0
Videospurlänge (mm)		94,24
Bandverbrauch (cm²/s)		7,375
Signalaufzeichnungsart Luminanz		FM mit anschließender Zeitexpansion
Chrominanz F		FM mit anschließender Zeitkompression
Modulations-frequenzen	Y f_{sync} f_{ws}	3,82 → 2,55 (expandiert) 5,39 → 3,59 (expandiert)
(MHz)	F	keine Angaben

<u>Tabelle 10.13:</u> Systemparameter des Lineplex-Verfahrens

10.8. Systemverbesserungen bei Amateurrecordern, Beispiel VHS

Bedingt durch die immer weiter steigende Aufzeichnungsdichte aufgrund neuer Kopf- und Bandtechnologien sind die Bandgeschwindigkeiten im Laufe der Entwicklung ständig herabgesetzt worden. Das ging jedoch zum Teil auf Kosten des *Tones*. Bei VHS und auch bei anderen Systemen hat man deshalb nach Wegen gesucht, die Qualität der Tonaufzeichnung wesentlich zu verbessern. Eine Lösung ist die *High Fidelity-FM-Tonaufzeichnung mittels Zweitiefenschrift in der Videospur.*

Entsprechend Bild 10.34 werden auf dem Kopfrad zwei *zusätzliche Audioköpfe* angebracht. Zwei Audio-Träger (f_{T1} = 1,3 MHz
und f_{T2} = 1,7 MHz) dienen als FM-Träger für das linke und
rechte Stereosignal. Der Hub beträgt jeweils $\pm$ 150 kHz. Die
Audioköpfe zeichnen zunächst das FM-Tonsignal in den tieferen
Schichten des Bandes mit den Azimuthwinkeln $\mp$ 30° auf. Anschließend erfolgt die Videosignalaufzeichnung unter den Azimuthwinkeln $\pm$ 6°. Außerdem ist die Audiospur schmaler als die
Videospur. Durch diese Maßnahmen bleibt das Übersprechen zwischen Video- und Audiosignal gering. Bild 10.35 zeigt das
Frequenzspektrum der VHS-HiFi-Aufzeichnung.

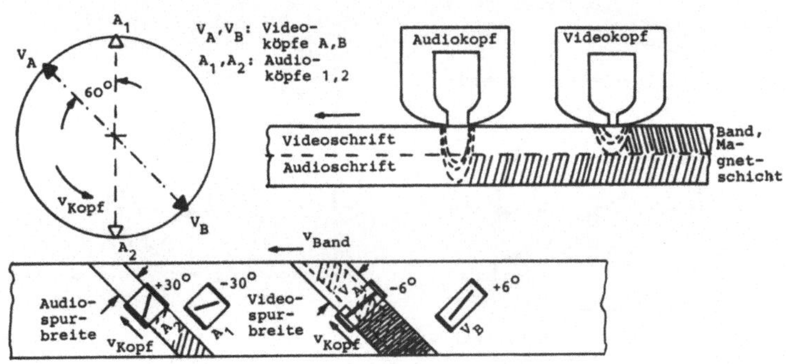

Bild 10.34: Prinzip der FM-Tonaufzeichnung mittels Zweitiefenschaft
(VHS)

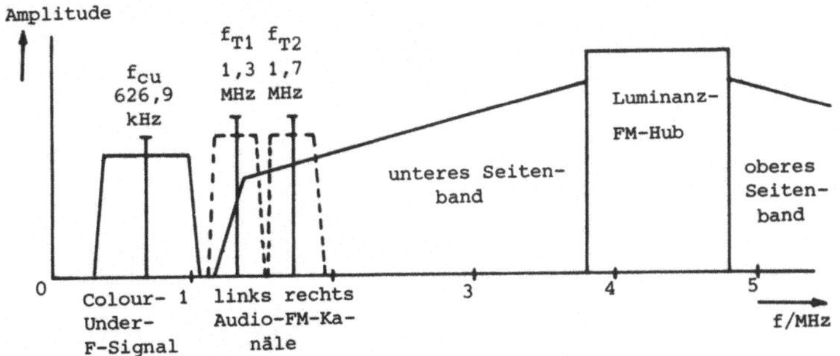

Bild 10.35: Frequenzspektrum des VHS-HiFi-Systems

Im Bemühen, die Mechanik weiter zu verkleinern und damit leichter zu machen, wurde eine VHS-Variante mit *kleiner Trommel* entwickelt *VHS-C (Compact)*. Ziel dabei war es, kompatibel mit allen anderen Systemparametern zu bleiben. Das wurde realisiert durch ein weiteres Videokopfpaar und einen vergrößerten Bandumschlingungswinkel. Bild 10.36 zeigt das Prinzip einschließlich der Kopfzuordnung zu den Spuren.

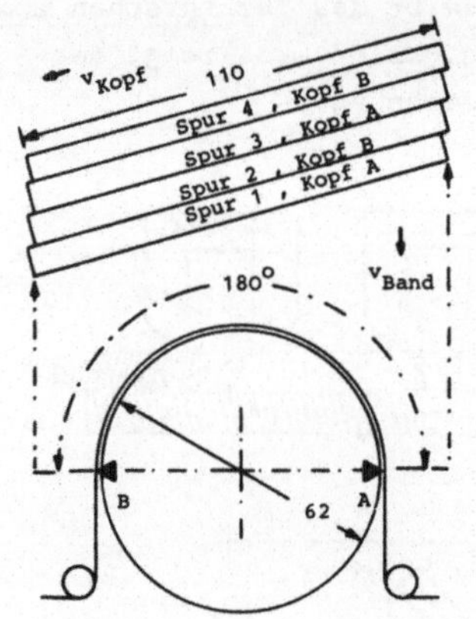

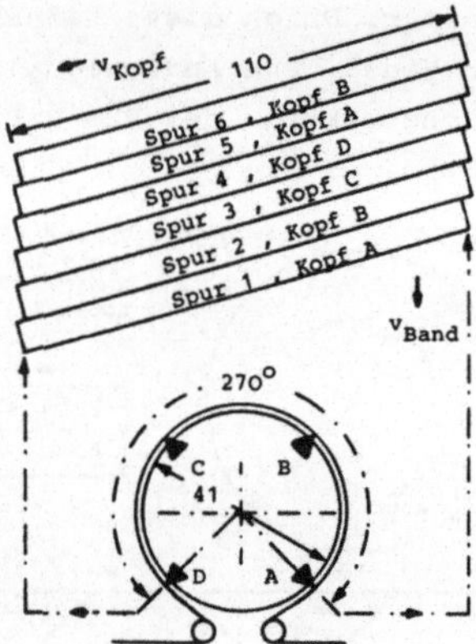

Bild 10.36: Vergleich VHS mit VHS-C

11. Digitale Video-Magnetbandaufzeichnung

11.1. Allgemeines

Die *Digitaltechnik* besitzt bezüglich Qualität,Zuverlässigkeit,
Vielfalt in der Anwendung und Bedienbarkeit der Geräte und
Systeme gegenüber der Analogtechnik generell *Vorteile*, wie
uns die zahlreichen Beispiele aus allen Bereichen der Technik, der Informatik usw. zeigen. Der Preis, den wir dafür zu
bezahlen haben, liegt in der zum Teil wesentlich *aufwendige-*
ren Signalverarbeitung und -übertragung, die nur dadurch mit
vertretbaren Mitteln zu realisieren sind, daß sich die Möglichkeiten der Mikroelektronik im letzten Jahrzehnt rasant
weiterentwickelten.

Überlegungen, auch die Videosignalverarbeitung und -speiche-
rung zu digitalisieren, reichen bis in den Beginn der siebziger Jahre zurück. Dennoch existieren bis heute in den Fern-
sehstudios und im sonstigem professionellen Videobereich nur
wenige "digitale Inseln"; auf dem semiprofessionellen und dem
Amateursektor laufen erste Entwicklungsarbeiten. Weitgehend
digitalisiert sind derzeit Zeitfehlerkorrektur (DTBC, s. Abschnitt 5.5.4), elektronische Schnittsteuerung (s. Kapitel 9)
sowie Trickmischungen und sonstige Steuerungen im automati-
sierten Organisationsablauf. Die eigentliche Video-Signalver-
arbeitung und -übertragung geschieht jedoch noch vorwiegend
im FBAS-Band. Das bedeutet häufige A/D- und D/A-Wandlung der
Signale zwischen den einzelnen Blöcken des Gesamtsystems mit
den dabei möglichen Verfälschungen (Quantisierungsrauschen,
Signalverschlechterung durch Bandbegrenzung usw.). Das total
digitalisierte Studio ist nach Meinung der Experten nicht vor
dem Jahr 2000 zu erwarten. Ein gewichtiger Grund hierfür
liegt darin, daß die digitale MAZ als zentraler Systembe-
standteil vorläufig noch nicht praxisreif ist. Das bezieht
sich auf zwei wesentliche Problemkreise

- Technische Realisierung von Geräten, die hinsichtlich
  ihrer Kosten,des Bandverbrauchs usw. mit den derzeitigen
  Analoggeräten konkurrieren können (akzeptierbare Mehrko-
  sten werden mit 20% bis 50% angenommen).

- Realisierung eines weltweiten Aufzeichnungsstandards.

11.2.   Vorteile und Nachteile der digitalen MAZ

Das digitalisierte Signal ist binär; es hat also nur 2 Amplitudenwerte im Gegensatz zum analogen, das theoretisch unendlich viele Amplitudenstufen besitzt. In der Praxis der Videotechnik sind jedoch 256 Stufen ausreichend, entsprechend einer digitalen Wortlänge von 8 bit (s. a. Abschnitt 5.5.4.2). Das binäre Signal ist wesentlich weniger anfällig gegenüber Rauschen und Nichtlinearitäten bei Aufzeichnung und Wiedergabe als das analoge. Das wirkt sich besonders bei der *Fernsehproduktion* aus, bei der, wie im Kapitel 9 erläutert, Kopien angefertigt werden, deren Qualität sich bezüglich Störabstand, Farbrauschen, Nichtlinearität und Moiré, Luminanz- und Chrominanzsignalversatz, differentieller Verstärkung und Phase usw. von Generation zu Generation schnell verschlechtert.

Da bei digitaler Aufzeichnung die Information im *Digitalcode* und nicht in der *Signalamplitude* liegt, ist jede neue Generation einer Kopie qualitativ praktisch identisch mit der vorangegangenen, weil Amplitudenfehler leicht korrigiert werden können. Hier liegt der wesentliche Vorteil, der sich insbesondere bei der Videosignalverarbeitung (Zeitfehlerkorrektur, Schnitt, Mischung, Tricks usw.) sehr positiv auswirkt. Mit MAZ-Experimentieranlagen wurde gezeigt, daß die 50. Generation der Digitalaufzeichnung vom Original nicht unterscheidbar war, ein Erfolg, der sicherlich weit über die praktischen Erfordernisse hinausgeht.

Der Hauptnachteil der digitalen MAZ liegt in dem wesentlich höheren Informationsfluß, der eine etwa um den Faktor 4 höhere Kanalkapazität erfordert. Das schlägt sich in einem entsprechend höheren Investitionswert nieder.

11.3.   Anforderungen an eine digitale MAZ

11.3.1.   Anforderungen an die Videosignalverarbeitung

Zur Zeit geschieht die Videosignalverarbeitung im Studiobe-

reich, wie schon erwähnt, analog, und zwar hauptsächlich
im FBAS-Basisband. Wir sprechen hier von der *geschlossenen
Verarbeitung* (composite processing). Sie hat den Vorteil, daß
sie auf die existierenden Farbfernsehsysteme NTSC, PAL und
SECAM direkt anwendbar ist. Geht man jedoch auf digitale Verarbeitung über, so ergeben sich bei der Analog/Digitalwand-
lung von SECAM große Schwierigkeiten. NTSC- und PAL-Signale
lassen sich hingegen problemlos digitalisieren.
Es ist deshalb zu erwarten, daß sich die *Komponentenverarbeitung* (component processing) als Standard für digitale MAZ-
Systeme durchsetzen wird. Hierbei werden die Komponenten Y, U
und V bzw. Y, I und Q getrennt verarbeitet. Bild 11.1 zeigt
das Prinzip einer MAZ mit "Component-Coding"-Technik.

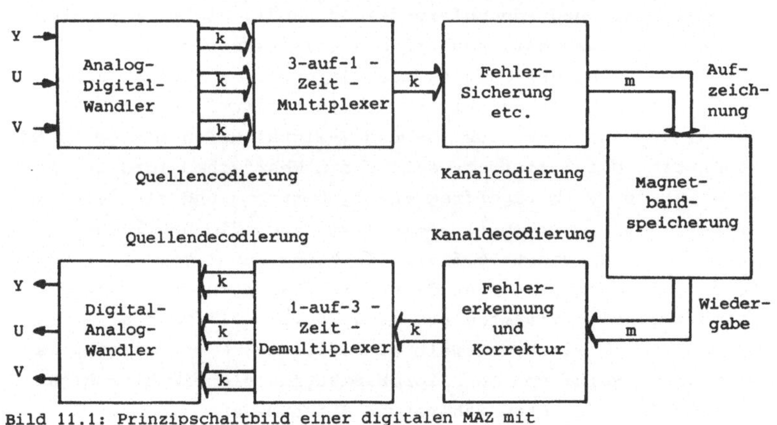

Bild 11.1: Prinzipschaltbild einer digitalen MAZ mit
Komponentenverarbeitung

Die Signale Y, U, V werden einzeln digitalisiert und stehen
als parallele Binärworte mit k bit (z.B. k=8) an. Ein 3- auf
1-Zeitmultiplexer faßt sie zu einem Kanal mit k bit Breite
zusammen. Damit ist die *Quellencodierung* abgeschlossen. Im
Kanalcodierer wird das Multiplexsignal für die Aufzeichnung
aufbereitet. Hierzu gehören die Fehlersicherung und die Auf-
teilung auf m parallele Aufzeichnungskanäle (1≤m≤2). Die Auf-

zeichnung erfolgt in der Regel im segmentierten Schrägspurverfahren. Bei der Wiedergabe läuft der reziproke Vorgang ab.
Die *Kanaldekodierung* beinhaltet die *Fehlererkennung* und die
Fehlerkorrektur. Die Fehlerkorrektur kann auf zwei Weisen erfolgen.

- *Einzelfehlerkorrektur* durch Rekonstruktion
  der fehlerbehafteten Worte
- *Fehlerüberdeckung* ähnlich der Dropoutkompensation
  bei bündelartig auftretenden Fehlern, indem man die
  fehlerhafte Aufzeichnung durch die vorher gespeicherte Zeile ersetzt.

Die *Quellendekodierung* besteht aus dem 1- auf 3-Zeitdemulti-
plexer und der anschließendem Digital/Analog-Wandlung. Quellencodierung und -decodierung sind häufig nicht Bestandteil
der eigentlichen MAZ, sondern des Gesamtsystems.
Zur Abschätzung des auftretenden *Informationsflusses* gehen
wir einmal von der derzeit praktizierten Luminanzbandbreite
von mindestens 5 MHz aus. U- und V-Signal seien mit je 1,5 MHz
angesetzt. Die *Abtastrate* sollte ein Mehrfaches (das 2- bis
4-fache) der Farbträgerfrequenz f_c betragen und mit der Zeilenfrequenz f_H verkoppelt sein (vgl. auch die Überlegungen
zur DTBC in Abschnitt 5.5.4). Bei einem Kanalcode mit 9 oder
10 bit erhalten wir unter diesen Randbedingungen je nach
Normenvorschlag *Bitraten von etwa 70 .... 216 Mbit/s*.
Im Bemühen um einen weltweit *einheitlichen Standard* gibt es
eine ganze Reihe von Detailproblemen, auf die wir hier nicht
eingehen können. Dazu gehören in Stichworten

- unterschiedliche Normen bezüglich Zeilen- und Bildfrequenz (525/60 FCC- und 625/50 CCIR-Norm)
- unterschiedliche Vorstellungen in Europa und USA
  bezüglich der Anwendung der digitalen MAZ im Produk-
  tionsbereich (USA tendiert zu Bitraten oberhalb 200 MHz,
  Europa zu niedrigeren Raten)
- Kompatibilität zu bereits existierenden digitalen
  Weitverkehrs-Systemhierarchien in Europa (z.B. 140 Mbit/s
  PCM-System).

Derzeit ist der sogenannte *4:2:2-Standard* im Gespräch, bei
dem die Abtastrate, bezogen auf das NTSC-System für das Luminanzsignal etwa gleich dem *Vierfachen* und für das Chrominanzsignal etwa gleich dem *Zweifachen* der Farbträgerfrequenz f_c
ist, und zwar einheitlich für alle Normen. Außerdem wird *nur
der aktive Teil* der Zeile digitalisiert; dabei ist die *Zahl
der Abtastwerte* pro Zeile für CCIR- und FCC-Norm gleich. Das
ist für den Programmaustausch günstig, weil es die Transcodie-
rung erleichtert. Die Zahl der *aktiven Zeilen pro Vollbild* ist
jeweils so festgelegt, daß sich bei gleicher Bruttobitrate
entsprechend Tabelle 11.1 die Nettobitraten nur geringfügig
unterscheiden

Fernsehstandard	625/50 CCIR	525/60 FCC
Samplingfrequenz f_s/MHz Luminanz Y Chrominanz U,V	$13{,}5 = 4f_{c\ NTSC}$ $6{,}75 = 2f_{c\ NTSC}$	
digitale Wortlänge k/bit	8	
Bruttobitrate r Mbit/s	216	
Zahl des Samples pro akti- vem Teil der Zeile Luminanz Y Chrominanz U,V	720 je 360	
Aktive Zeilen / Vollbild	575	485
Nettobitrate Mbit/s	166	168

Tabelle 11.1: Wichtige Größen des 4:2:2-Standards

Die *Bruttobitrate* ist allgemein

$$r_{Bit} = (f_{sY} + f_{sU} + f_{sV}) \cdot k \qquad (11.1)$$

mit f_s als Samplingfrequenz.

Im Vergleich zur analogen Fernsehsignalaufzeichnung ist der
Informationsfluß etwa um den Faktor *3 bis 4 höher.*
Die Beherrschung der auftretenden Probleme bereitet bei der
Elektronik weniger Schwierigkeiten als bei der Kopf- und

Bandtechnologie. Wir wollen überlegen, welche theoretischen
Möglichkeiten existieren, um den Anforderungen gerecht zu
werden:

- <u>Elektrische Maßnahmen:</u> *Verminderung des Signal/Rauschab-
  standes, Erhöhung der Speicherdichte*

- <u>Mechanische Maßnahmen:</u> *Erhöhung der Kopf-Bandgeschwindig-
  keit*

- <u>Magnetische Maßnahmen:</u> *Verbesserung des Bandmaterials.*

Den ersten Punkt wollen wir gleich und die beiden anderen
Punkte in den nächsten Abschnitten erörtern.

Für eine qualitativ einwandfreie Analogaufzeichnung ist ein
Störabstand S/N von 45 ... 55 dB erforderlich. Das bedingt
unter anderem auch eine gewisse *Mindest-Magnetspurbreite*, die
in der Größenordnung von etwa 50 ... 200 µm liegt (vgl. Kapitel 10). Die Spurbreite geht etwa mit der Quadratwurzel in
den Störabstand ein. Setzt man für den *Mindest-Störabstand
bei digitaler Aufzeichnung* größenordnungsmäßig 20 ... 25 dB
an, so läßt sich die Spurbreite auf 20 ... 40 µm *reduzieren.*
Das *erhöht* die *transversale Speicherdichte* um den entsprechenden Faktor. Gleichzeitig werden jedoch die Spurhaltungs-
probleme größer und damit die Anforderungen an die Band-
Kopfmechanik strenger. Übersprechen von einer Spur in eine
benachbarte führt zur sogenannten *"track interference"*, die
man durch entsprechenden Rasen und durch einen Kanalcode, der
dagegen möglichst unempfindlich ist, bekämpft. Aus der Analogtechnik bekannte Kammfiltertechniken (s. Abschnitt 5.3.5.2)
versagen hier. Der *longitudinalen Speicherdichte* ist eine
obere Grenze durch die sogenannte *"intersymbol interference"*
gesetzt. Hierunter versteht man die für die digitale Aufzeichnung generell typische *gegenseitige Beeinflussung der
Bitzellen in Längsrichtung der Aufzeichnung.* Sofern sie nur
lineare Komponenten besitzt, ist eine Entzerrung möglich,
sind sie jedoch nichtlinearen Ursprungs, so läßt sie sich
kaum kompensieren.

Mit den heute verfügbaren Bändern lassen sich unter den genannten Randbedingungen *Aufzeichnungsdichten* von 5 bis 10 Mbit/cm^2 erzielen.

Einige Bedingungen für einen *optimalen Kanalcode* sollen noch zusammengestellt werden. Bei der digitalen Fernsehaufzeichnung haben wir es mit einem stark gestörten Kanal zu tun, bei dem Bitfehlerraten von 10^{-5}, bedingt durch Bandoberflächeneffekte (Dropouts usw.), typisch sind. Das bedeutet, daß auf 10^5 einwandfreie Bits im Mittel ein gestörtes kommt. Zufriedenstellende Fernsehqualität erfordert jedoch Bitfehlerraten von höchstens 10^{-7}. Ein optimaler binärer Kanalcode muß diesen Gesichtspunkt mit berücksichtigen, so daß folgende Forderungen zu erfüllen sind:

- Anpassung der *Spektralverteilung* des Codes an das Bandpaßverhalten des Aufzeichnungs- und Wiedergabekanals muß erfolgen (vgl. a. Bild 5.13).

- Der Code sollte keinen *Gleichstromanteil* in den einzelnen Wortfolgen besitzen.

- Sichere *Bit-Fehlererkennung* muß möglich sein.

- Möglichkeit der *Fehlerkorrektur* muß gegeben sein.

- Es darf keine *Fehlerfortpflanzung* auftreten.

- Die *Redundanz* sollte gering sein.

- Ein einfaches *Bildungsgesetz* sollte vorliegen, damit leichte Umcodierung für andere Anwendungen möglich ist.

- Der Code muß *technisch* und *wirtschaftlich realisierbar* sein.

Es existiert eine ganze Reihe von Codes, die diese Eigenschaften im unterschiedlichen Maße besitzen; eine endgültige Festlegung ist hier noch nicht erfolgt. Auf Einzelheiten wollen wir deshalb nicht eingehen.

11.3.2. Anforderungen an die Audiosignalverarbeitung

Die longitudinale Magnettonaufzeichnung existiert bereits in
verschiedenen Versionen. Kennzeichnend ist dabei die Verwendung vieler paralleler Spuren. Dieses Konzept ist auf die
Digital-MAZ nicht übertragbar. Hier ist es vielmehr sinnvoll,
die Tonaufzeichnung mit in der Schrägspur vorzunehmen (s.a.
8 mm-PCM-HiFi,Abschnitt 10.6). Dabei sind folgende Randbedingungen wichtig:

- Es sollten mindestens 3, besser 4 Tonkanäle vorhanden
  sein.

- Die Qualität sollte mindestens der der jetzigen Analog-
  kanäle, besser aber noch der des digitalen Tonstudios
  ebenbürtig sein.

- Der Standard muß voll kompatibel mit der noch zu defi-
  nierenden Schnittstelle des Digitalstudios sein.

- Getrennter elektronischer Bild- und Tonschnitt ist vor-
  zusehen.

Die Realisierung kann mit verschiedenen Konzepten erfolgen,
zum Beispiel durch

- Aufzeichnung des Tones im *Zeitmultiplex* mit Video oder

- Aufzeichnung des Tones im *Spurmultiplex*.

Die letztgenannte Möglichkeit ist zwar elektronisch einfacher,
erfordert aber eine komplexere Mechanik. Beim Zeitmultiplex
wird das Audiosignal vor der Aufzeichnung zeitkomprimiert,
zwischengespeichert, und zu Zeiten, wo kein Videosignal an-
liegt, blockweise aufgezeichnet (z.B. in der V-Lücke). Dabei
ist zu bedenken, daß ein gewisser Zeitversatz zwischen zu-
sammengehöriger Video- und Audioinformation auftritt. Er
liegt in der Größenordnung einer Halbbilddauer (z.B. 20 ms)
und vergrößert sich ohne Gegenmaßnahmen beim elektronischen
Schnitt von Generation zu Generation.
Die *Quantisierung* des Audiosignals muß wesentlich feiner

sein; hier benötigt man digitale Wortlängen von 16 bit, entsprechend 2^{16} = 64 k Amplitudenstufen. Die Samplingfrequenz
wählt man mit etwa 50 kHz. Durch die Zeitkompression erhält
man dann die gleiche Bitrate wie beim Videosignal.

11.3.3. Anforderungen an die Band- und Kopfmechanik

Entsprechend Gleichung (2.6) geht die Band-Kopfgeschwindigkeit direkt in die obere Grenzfrequenz der Aufzeichnung ein.
Ein Weg zur Erhöhung der Kanalkapazität ist also die *Erhöhung
der Relativgeschwindigkeit*. Dagegen sprechen wenigstens 3
Gründe:

- Der Bandverbrauch steigt.

- Der Verschleiß erhöht sich. Werte für v_{rel} oberhalb von
  50 m/s führen unter Umständen zu unzulässiger Erwärmung
  von Kopf und Band.

- Der Band-Kopfkontakt wird wegen des sich bildenden Luftpolsters schlechter (Abstandsverluste, s. Abschnitt 3.3).

Eine weitere Möglichkeit ist die *Verkleinerung der Kopfspaltbreite s*. Die technologische Grenze liegt hier derzeit bei
etwa 0,5 μm. Mit der minimalen Spaltbreite s_{min} und der ma-
ximalen Relativgeschwindigkeit $v_{rel\,max}$ erreicht man beim
augenblicklichen Stand eine *longitudinale Speicherdichte* von
2bit/μm. Dem entspricht eine *Bitrate* von etwa 100 Mbit/s.
Daraus folgt, daß man für höhere Bitraten in mindestens zwei
Spuren *parallel* aufzeichnen muß. Das läßt sich mit *Mehrkopf-
anordnungen* (2 ... 8 Köpfe) und Umschlingungswinkeln zwischen 180° ... 270° realisieren.
Auf die erhöhten Anforderungen hinsichtlich der *Bandführung*
und der *Spurhaltung* wurde im vorangegangenen Abschnitt schon
hingewiesen. Wir können 2 Arten von Spurfehlern unterscheiden:

- *statische Spurfehler*
- *dynamische Spurfehler*.

Statische Spurfehler sind bedingt durch Kopffehljustage,

falschen Bandzug, Temperatureinfluß und Toleranzen von Maschine zu Maschine. Dynamische Spurfehler ergeben sich bei
unsauberen Bandkanten, variabler Bandbreite, Geschwindig-
keitsschwankungen von Kopfrad und Capstan, Unwucht im Kopfrad usw.
Generell ist die Spurhaltung umso sicherer, je größer die
Spurbreite b, je kleiner die Spurlänge l und je kleiner der
Kopfraddurchmesser d ist. Definiert man den *Spurfaktor*
(tracking factor TF),

$$TF = \frac{\text{Spurbreite}}{\text{Spurlänge} \cdot \text{Kopfraddurchmesser}} = \frac{b}{l \cdot d} \qquad (11.2)$$

so ist die Spurführung umso sicherer, je größer TF ist. Aus
diesem Grunde wird auch die *segmentierte Schrägspuraufzeich-
nung* für die digitale MAZ favorisiert.
Man ist bestrebt, die Spurbilder für den FCC- und den CCIR-
Standard identisch zu machen, weil sich damit auch identische
Konfigurationen für Bandtransport und Kopfrad ergeben. Für
Die *Segmentierung* bedeutet das, daß die *Zahl der Segmente
pro Halbbild* für beide Standards *umgekehrt proportional zur
Vertikalfrequenz* ist. Sei n die Zahl der Segmente und f_v die
Vertikalfrequenz, so gilt

$$n_{FCC} : n_{CCIR} = f_{vCCIR} : f_{vFCC} = 5 : 6. \qquad (11.3)$$

Bei Bandgeschwindigkeiten von etwa 24 cm/s, Kopfgeschwindigkeiten von etwa 33 m/s, einem Kopfraddurchmesser von 7 cm
und einer Kopfraddrehzahl von 150 Hz ergeben sich bei einem
Umschlingungswinkel von 270° Spurlängen von 17 cm und ein
Neigungswinkel von 7° auf dem 1"-Band. Das 1"-Band wird für
offene Spulen favorisiert, während bei Kassetten das 3/4"-
Format im Gespräch ist.

11.3.4. Anforderungen an das Magnetband

Die allgemeinen Anforderungen an Video-Magnetbänder sind im
Abschnitt 2.3 schon erörtert worden. Für die digitale Auf-

zeichnung sind sie wegen der hohen Speicherdichte und der
kurzen Wellenlängen verschärft. Hier sind außer den herkömm-
lichen γ Fe$_2$O$_3$- und CrO$_2$-Materialien künftig auch *hochkoerzi-
tive Reineisenbänder* (Metallschichtbänder) und im Vakuum be-
dämpfte *Metallfilmbänder* von Interesse. Beide Typen sind noch
in der Entwicklung, lassen aber wegen ihrer geringen Schicht-
dicken (4µm bei Schicht und 0,1µm bei Film) sehr gute Hoch-
frequenzeigenschaften erwarten, weil insbesondere beim Film
der Entmagnetisierungsfaktor N (s. Abschnitt 1.5.2) auch bei
kurzen Wellenlängen wegen des günstigen Verhältnisses
Länge/Dicke der Magnetstrukturen klein ist.
Bei derartig dünnen Schichten ist jedoch die Häufigkeit von
Dropouts beträchtlich höher und die Lebensdauer geringer.
Außerdem besteht die Gefahr der Korrosion, da es sich um
Reineisen handelt.

Abschließend läßt sich sagen, daß die Zeit für die serienmäs-
sige digitale MAZ oder darüber hinaus für eine ganze Familie
von aufwärtskompatiblen Geräten mit steigenden Leistungs-
merkmalen noch nicht reif ist, obwohl weltweit intensive Ent-
wicklungs- und Normungsaktivitäten (bei SMPTE, CCIR, EBU u.a)
im Gange sind.

Q u e l l e n n a c h w e i s

1. Monografien, Fachbücher etc.

[1.1] Winckel, F. : Technik der Magnetspeicher; 2. Auflage, Springer Verlag 1977

[1.2] Dillenburger, W.: Fernsehen; Beitrag in C. Rint, Handbuch für Hochfrequenz- und Elektrotechniker, Band 3, 12. Auflage, Hüthig und Pflaum Verlag, München, 1979, S. 563 ff

[1.3] Scholz, Ch. : Handbuch der Magnetband-Speichertechnik; C. Hanser Verlag München, Wien, 1979

[1.4] Manz, F. : Videorecorder-Technik; 2. Auflage, Vogel-Verlag 1982

[1.5] Robinson, J.F. : Videotape Recording; Third Edition, Focal Press (Butterworths) London, Boston, 1982

[1.6] Morgenstern, B.: Farbfernsehtechnik; Teubner Studienskripten TSS No 77, 2. Auflage, B.G. Teubner Verlag, Stuttgart 1983

[1.7:] Fahry/Palme : Videotechnik, Handbuch 1; 2. Auflage, 1980, Videotechnik, Handbuch 2; 3. Auflage, 1983, R. Oldenbourg Verlag

2. Zeitschriftenaufsätze, Sonderdrucke, Broschüren, Normen, etc.

[2.1] Würl, W. : Das LIR-Farbaufzeichnungssystem; Grundig Technische Informationen 3/4-1972, S. 66-69

[2.2] Sadashige, K. : Durchführbarkeitsstudie für einen neuen, kompatiblen Quadruplex-Aufzeichnungsstandard; Rundfunktechnische Mitteilungen 18/1974, H2, S. 78-85

[2.3] Koubek, M. : Die Aufzeichnung von "Interplex"-Signalen auf VCR-Geräten; Fernseh- und Kinotechnik 30, 1976, H9, S. 305-310

[2.4] Krey, B. : Codierte Farbfernseh-Bildaufzeichnung; Fernseh- und Kinotechnik 29, 1976, H8, S. 239-243

[2.5] Liebmann, H. : Professionelle Videomagnetbandgeräte nach dem System GPR; Grundig Technische Informationen 5/6 - 1976, S. 670-679

[2.6] Rehfeldt, K.-H.: Ein integriertes Schaltungssystem für die Farbsignalverarbeitung in Videorecordern; Fernseh- und Kinotechnik 30, 1976, H6, S. 197-199

[2.7] Sadashige, K. : Overview of Time-Base Correction Techniques and Their Applications; SMPTE Journal Vol. 85, October 1976, S. 787-791

[2.8]   Kaiser, A.   :   Comb Filter Improvement with Spurious
                                 Chroma Deletion; SMPTE Journal, 86, Jan.
                                 1977, S. 1-5

[2.9]   Westphal, G.,   Grundlagen des VCR-Systems; Grundig Techni-
         Fleischer, P.   :   sche Informationen,
                                   Teil I   5/6-1976, S. 829-836
                                   Teil II   1-1977, S. 21-25

[2.10]   Zahn, H.   :   Gedanken zur Konzeption eines 1"-Studio-
                                 Aufnahmesystems nach dem Segmented-Field-
                                 Verfahren; Fernseh- und Kinotechnik 31, 1977,
                                 H.5, S. 163-167

[2.11]   Auty, J.S,   PAL Colour Picture Improvement Using Simple
         Read, D.C.,   :   Analog Comb Filters;
         Roe, G.D.   SMPTE Journal 87, Oct. 1978, S. 677-81

[2.12]   Fibush, D.K.   :   SMPTE Type C Helical-Scan Recording Format;
                                 SMPTE Journal Nov. 1978, S. 755-760

[2.13]   Opelt, Ch.   :   Das automatische Schneidesystem ASS 400;
                                 Grundig Technische Informationen 1/1978,
                                 S. 43-47

[2.14]   Räbiger, W.   :   Automatisches Schneidesystem ASS 600;
                                 Grundig Technische Informationen 4/1978,
                                 S. 241-248

[2.15]   Thiele, H.   :   Stand des Hardware-Angebots audiovisueller
                                 Speichermedien, Trendanalyse und Ausblick;
                                 Fernseh- und Kinotechnik 32, H. 5, 1978,
                                 S. 171-178

[2.16]   Würl, W.   :   Ein neuer professioneller Videorecorder aus
                                 der GPR-Familie für hochzeilige Fernsehauf-
                                 zeichnung; Grundig Technische Informationen
                                 5-1978, S. 293-299

[2.17]   Bolewski, N.   :   Zwei neue Amateur-Aufzeichnungssysteme:
                                 "Video 2000" und "LVR"; Fernseh- und Kino-
                                 technik 33, 1979, H. 8, S. 272-276

[2.18]   Ilmer, A.   :   Aufzeichnung von Farbfernsehsignalen auf
                                 Videorecordern mit geringer Band/Kopfge-
                                 schwindigkeit; Diss. TU Braunschweig, 1979

[2.19]   Roth, W.   :   Neuer Videorecorder mit Längsspur-Aufzeich-
                                 nung; Fernseh- und Kinotechnik 33, 1979,
                                 H. 5, S. 161-162

[2.20]   Brand, G.,   "Timeplex" - ein serielles Farbcodierver-
         Müller G.,   fahren für Heim-Videorecorder; Fernseh- und
         Schönfelder, H.,   :   Kinotechnik 34, H. 12, 1980, S. 451-458
         Wendler, K.-P.

[2.21]   Müller, R.   :   Das BCN System, Entwicklungskriterien, An-
                                 wendungen, Erfahrungen;
                                 Robert Bosch Mitteilung 2/1980

[2.22]   Haß, H.   :   Elektronische Farbträgerfalle zur Cross-
                               Color-Reduzierung; Fernseh- und Kinotechnik
                               35, H.3, 1981, S. 91-94

[2.23]   Bolewski, N.   :   Das "Chroma Track"-Aufzeichnungssystem;
                               Fernseh- und Kinotechnik 36, H.5, 1982,
                               S. 193-194

[2.24]   Takano, M.,   :   Betacam - Integrated ENG;Sony Corporation
         Segawa, I.   1982

[2.25]   Arimura, I.,   :   A Broadcast-Quality Video/Audio Recording
         Sadashige, K.   System with VHS Cassette and Head Scanning
                               System; SMPTE Journal, Nov. 1983, S. 1186 -
                               1192

[2.26]   Deguffroy, E.,   :   Kammfilter zur Decodierung von Videosignalen;
         Piepers, M.   Fernseh- und Kinotechnik 37, H. 5, 1983,
                               S. 203-215

[2.27]   Geise , H.-D.,   :   Lineplex Recording and the Quarter Cam System;
         Horstmann, W.   International Broadcast Engineer, Vol. 14,
                               No 191, 1983

[2.28]   Geise , H.-D.,   :   Das LINEPLEX-Aufzeichnungsverfahren; Bosch-
         Horstmann, W.   Information 1983

[2.29]   Groll, H.R.   :   Moderne Technik der Fernsehaufnahme, Bear-
                               beitung und Speicherung; Fernseh- und Kino-
                               technik 37, H. 3, 1983, S. 95-101

[2.30]   Redwitz, V.   :   "The Micro-B"-BCN 21 B Format Portable;
                               International Broadcast Engineer, Vol. 14,
                               No 189, May 1983

[2.31]   Davies, K.P.,   :   The New Generation Television Recorder - A
         Auclair, M.   Broadcaster's Perspective; Beitrag in Tele-
                               vision'Image Quality, Collect. of Papers of
                               18th SMPTE TV Conf., Montreal 1984, ISBN
                               0-940690-09-8, S. 92-99

[2.32]   Kornhaas, W.,   :   VS200/VS220 Grundig Videorecorder nach dem
         Singer, K.,   VHS-System; Grundig Technische Informationen
         Reime, G.   3-1984, S. 119-150

[2.33]   Sadashige, K.   :   Developmental Trend for Future Consumer
                               VCR's; Beitrag in Television Image Quality,
                               Collect. of 18th SMPTE TV Conf. Papers Mont-
                               real 1984, ISBN 0-940 690-09-8, S. 152-164

[2.34]   Sharrock, M.P.,   :   Perpendicular Magnetic Recording Technology;
         Stubbs, D.P.   Beitrag in Television Image Quality, Collect.
                               of papers of 18th SMPTE TV Conf. Montreal
                               1984, ISBN 0-940690-09-8, S. 137-151

[2.35]   Strashun, L.   :   "Betacam"-Grundlagen und Übersicht; Fernseh-
                               und Kinotechnik 38, H. 12, 1984, S. 523-532

[2.36]   Watney, J.P.   :   Technical Choices for a Video Recorder; Bei-
                               trag in Television Image Quality, Collect. of
                               papers of 18th SMPTE TV Conf. Montreal 1984,
                               ISBN 0-940690-09-8, S. 127-136

[2.37] Auer, R.   : HiFi-Ton aus der Video-Ecke; Funkschau
                                     7/1985, S. 45-48

[2.38] Kotter, K.H.   : Amorphe Zukunft, Die Wende in der Fertigung
                                     von Videoköpfen; Funkschau 4/1985, S. 42-44

Digitaltechnik

[2.39] Friedländer,E.R.:   Digitale Farbfernseh-Bildaufzeichnung; Fern-
                                     seh- und Kinotechnik 29, 1975, H.7, S. 217

[2.40] Baldwin, J.   : Digitale Videoaufzeichnung mit geringem Ma-
                                     gnetbandverbrauch; Fernseh- und Kinotechnik
                                     33, H.3/1979, S. 77-80

[2.41] Bolewski, N.   : Digitale Aufzeichnung. Geräte, Gedanken,
                                     Meinungen in Montreux 1979; Fernseh- und
                                     Kinotechnik No 6/1979, S. 200-202

[2.42] Diermann, J.,   Digitale Videoaufzeichnung - ein Bericht
        Lemoine, M.   :   über die erreichten Fortschritte; Fernseh-
                                     und Kinotechnik 33, H.5/1979, S. 159-161

[2.43] Leiner, H.R.   : Digitale Aufzeichnung von Farbfernsehsigna-
                                     len auf Schrägspur-Videorecordern; Diss. TU
                                     Braunschweig 1979

[2.44] Leiner, H.R.   : Zur digitalen Aufzeichnung: Der Code; Fern-
                                     seh- und Kinotechnik 33, H.5/1979, S. 155 -
                                     158

[2.45] Anderson, Ch.,   Digitale Fernsehaufzeichnung - Fragen jen-
        Diermann, J.   :   seits der Durchführbarkeit; Fernseh- und
                                     Kinotechnik 34, H.4/1980, S. 119-123

[2.46] Sochor, J.,   Digitale Videoaufzeichnung von PAL 625-Zeilen-
        Förster, H.   :   Signalen; Fernseh- und Kinotechnik 34, H.4/
                                     1980, S. 127-129

[2.47] Pohl, D.   : Digitale Videoaufzeichnung, Stand Oktober
                                     1980 (FKTG Berlin); Robert Bosch GmbH Mittei-
                                     lung 1/81

[2.48] Pohl, D.   : Digitale Videoaufzeichnung - Ein Überblick;
                                     Fernseh- und Kinotechnik 5/1981, S. 156-160

[2.49] Sochor, J.   : Problematik der Magnetbandaufzeichnung breit-
                                     bandiger Signale; Fernseh- und Kinotechnik 37,
                                     H.5/1983, S. 197-207

[2.50] Westerkamp, D.,   Digitale Magnetbandaufzeichnung von Video-
        Fiedler, U.   :   und Audio-Signalen auf einem Videorecorder;
                                     Fernseh- und Kinotechnik 37, H.6/1983, S. 251
                                     -259

[2.51] Fujiwara, Y.,   Tape Selection and Mechanical Considerations
        Ike, K.,   :   for the 4:2:2 DVTR; Beitrag in Television
        Eguchi, T.   Image Quality, Collect. of papers of the 18th
                                     SMPTE Conf. Montreal 1984,ISBN O-940 690-09-8,
                                     S. 100-111

Normen (American National Standard)

[2.52]   ANSI V.98 12M-1980   :   Time and control code for video and
audio tape for 525 line/60 field tele-
vision systems; SMPTE-Journal August 1981,
S. 716 - 717

[2.53]   ANSI C.98 17M-1980   :   Frequency response and operating level of
recorders and reproducers for audio re-
cords for 1-in type B helical-scan video
tape recording; SMPTE-Journal April 198o,
S. 266-267

[2.54]   ANSI V.98 29M-1982   :   Basic system and transport geometry parameters for 1-in type B helical-scan vi-
deotape recorders for video and audio
reference tapes; SMPTE-Journal May 1983,
S. 617

[2.55]   ANSI V.98 30M-1982   :   Dimensions and location of records on
video and audio reference tape for 1-in
type B helical-scan video tape recorders;
SMPTE-Journal May 1983, S. 618-619

[2.56]   ANSI V.98 20M-1983   :   For video recording 1-in type C helical-
scan basic system and transport geometry
parameters; SMPTE-Journal December 1983,
S. 1373-1374

[2.57]   ANSI V.98 28M-1983   :   For video recording 1-in type C reference
tape-records; SMPTE-Journal December 1983,
S. 1374-1375

[2.58]   ANSI C.98 21M-1980   :   Dimensions and locations for 3/4-in type
E helical scan video tape cassette re-
cording; SMPTE-Journal May 1980, S. 379-
381

[2.59]   ANSI C.98 22M-1980   :   Dimensions of video cassette for 3/4-in
type E helical-scan video tape recording;
SMPTE-Journal, May 1980, S. 382-384

[2.6o]   ANSI V.98 31M-1983   :   For video recording - 3/4-in type E helical-scan small video cassette; SMPTE-
Journal November 1983, S. 1259-1261

Empfehlungen (SMPTE Recommended Practice)

[2.61]   RP 83-1980   :   Specifications of Tracking Control Record for 1-in type B Helical-Scan Video
Tape Recording; SMPTE-Journal 89, April
1980, S. 267

[2.62]   RP 84-1980   :   Video Reference Carrier Frequencies and
Pre-Emphasis Characteristics for 1-in
type B Helical-Scan Video Tape Recording; SMPTE-Journal 89/1980, S. 268

[2.63] RP 93-1980   : Requirements for Recording American Nati-
                             onal Standard Time and Control Code on
                             1-in Types B and C Helical-Scan Video
                             Tape Recorders; SMPTE-Journal April 1981,
                             S. 290

[2.64] RP 87-1980   : Reference Carrier Frequencies, Preempha-
                             sis Characteristics and Audio and Control
                             Signals for 3/4-in Type E Helical-Scan
                             Video Tape Cassette Recording; SMPTE-
                             Journal May 1980, S. 377

[2.65] RP 1o7-1982   : Video and Audio Reference Type for 1-in
                             Type B Helical-Scan Format; SMPTE-Journal
                             May 1983, S. 619-620

[2.66] RP 121   : Tape Dropout Specifications for 1-in
                             Types B and C Video Tape Recorder/Repro-
                             ducer; SMPTE-Journal May 1983, S. 622

Formelzeichen

	Bedeutung	Einheit		Bedeutung	Einheit
A	Fläche	cm²	J	magnetische Polarisation	T
b	Bandbreite	MHz	k	Proportionalitätsfaktor	-
b	mechanische Breite	cm	k	Wortlänge	bit
B	magnetische Fluß-dichte	Vs/m² =T	l	Länge	m
B_r	remanente Pola-risierung	Vs/m² =T	m	Amplitudenstufen-anzahl	-
C	Kapazität	F	m	Spurmittenabstand	µm
d	Kopfraddurchmesser	cm	m	Modulationsindex	-
d	Spalttiefe	cm	n	Drehzahl	Hz
d_s	Schichtdicke	mm	n	Ordnungszahl, Harmonische	-
d_T	Trägerdicke	mm	N	Entmagnetisierungs-faktor	-
D	Dämpfung	dB	R	Widerstand	Ω
f	Frequenz	Hz	R_m	magn. Widerstand	H^{-1}=A/Wb
f_c	Farbträger	kHz	s	Signal, zeitlich veränderlich	-
f_{cu}	Colour-Under Farbträger	kHz	s	Spaltbreite, Kopf	µm
f_H	Frequenzhub FM,allg.	MHz	s	Videospurbreite	µm
f_H	Horizontalab-lenkfrequenz	kHz	T	Zeitkonstante	µs
f_h	Video-FM-Hub	MHz	t	Zeit	s
f_s	Samplingfrequenz	MHz	u_w	Wiedergabespannung	V
f_s	Signalfrequenz	MHz	U	trägerfrequentes (B-Y)-Signal	-
f_v	Vertikalablenk-(Bild-)Frequenz	Hz	v	Geschwindigkeit	m/s
f_o	Mittenfrequenz FM	MHz	V	Bild(dauer), vertikal-	
F	(Farb-)Chromi-nanzsignal	-	V	magn. Spannung	A
H	magnetische Feld-stärke	A/m	V	trägerfrequentes (R-Y)-Signal	-
H	Zeile(ndauer), horizontal -	-	W	Windungszahl	-
H_c	Koerzitivfeldstärke	A/m	x,y,z	Ortskoordinaten	cm
H_s	magnet. Sättigungs-feldstärke	A/m	Y	Luminanzsignal	-
h	relative magneti-sche Feldstärke	-	κ_a	Anfangssuszeptibilität	
I	elektrische Strom-stärke	A	κ_r	relative magnetische Suszeptibilität	-
i	Wechselstrom	A	λ	Wellenlänge	cm

Formelzeichen

	Bedeutung	Einheit		Bedeutung	Einheit
μ_a	Anfangspermeabilität	-	τ	Zeilendauer	µs
μ_r	relative Permeabilität	-	φ	magn. Potential	A
			φ	Phasenwinkel	rad
μ_o	absolute Permeabilität	$\dfrac{Vs}{Acm}$	$\varnothing$	magnetischer Fluß	Wb
τ	Verzögerungszeit	µs	ω,Ω	Kreisfrequenz	1/s

Abkürzungen

Abk.	Bedeutung	Abk.	Bedeutung
AM	Amplitudenmodulation	LIR	Line Reference
AVC	Automatic Volume Control	Lk	Löschkopf
BCD	Binary Coded Decimal	NAB	National Associations of Broadcasters
CCIR	Comité Consultatif International des Radio Communications	NF	Niederfrequenz
CT	Steuerspur (Control Track)	NTSC	National Television System Committee
DL	elektr. Verzögerungsleitung (delay line)	PAL	Phase Alternation Line
		PLL	Phase Locked Loop
DIN	Deutsche Industrie-Norm	RAM	Random Access Memory
DTF	Dynamic Track Following	SECAM	séquentielle à mémoire
EBU	European Broadcasting Committee	SHB	Super High Band
FBAS	Farb-Bild-Austast-Synchron-(Multiplex)signal	SMPTE	Society of Motion Picture and Television Engineers
FCC	Federal Communication Committee	S/N	Signal/Rausch-Verhältnis
		TBC	Time Base Correction
FM	Frequenzmodulation	TSS	Teubner Studienskript
HB	High Band	VCO	Voltage Controlled Oscillator
HF	Hochfrequenz	VZ	Ultraschall-Verzögerungs-leitung
HV	Vickershärte		
IEC	International Engineering Committee	W	Wicklung
		ZF	Zwischenfrequenz
K	Kernhälften, Kopf		
KS	Kopfspiegel		
LB	Low Band		

Teubner Studienskripten Elektrotechnik

v. Münch,   Werkstoffe der Elektrotechnik
                5., überarbeitete Aufl. 254 Seiten. DM 18,80

Oberg,   Berechnung nichtlinearer Schaltungen
                für die Nachrichtenübertragung
                168 Seiten. DM 15,80

Pinske,   Elektrische Energieerzeugung
                127 Seiten. DM 14,80

Pregla/Schlosser, Passive Netzwerke
                Analyse und Synthese
                198 Seiten. DM 15,80

Römisch,   Berechnung von Verstärkerschaltungen
                2., durchgesehene Aufl. 192 Seiten. DM 15,80

Schaller/Nüchel, Nachrichtenverarbeitung

                Band 1 Digitale Schaltkreise
                2., neubearbeitete Aufl. 168 Seiten. DM 15,80

                Band 2 Entwurf digitaler Schaltwerke
                3., überarbeitete und erweiterte Auflage
                191 Seiten. DM 16,80

                Band 3 Entwurf von Schaltwerken
                mit Mikroprozessoren
                2., neubearbeitete und erweiterte Auflage.
                173 Seiten. DM 15,80

Schlachetzki, Halbleiterbauelemente der Hochfrequenztechnik
                280 Seiten. DM 19,80

Schlachetzki/v. Münch, Integrierte Schaltungen
                255 Seiten. DM 18,80

Schmidt,   Digitalelektronisches Praktikum
                2., durchgesehene Aufl. 238 Seiten. DM 15,80

Scholze,   Einführung in die Mikrocomputertechnik
                320 Seiten. DM 19,80

Schymroch,   Hochspannungs-Gleichstrom-Übertragung
                127 Seiten. DM 14,80

Seinsch,   Grundlagen elektr. Maschinen und Antriebe
                230 Seiten. DM 17,80

Strassacker, Rotation, Divergenz und das Drumherum
                XII, 227 Seiten. DM 18,80

Thiel,   Elektrisches Messen nichtelektrischer Größen
                2. überarbeitete und erweiterte Auflage
                244 Seiten. DM 18,80

Unger,   Hochfrequenztechnik in Funk und Radar
                2., neubearbeitete und erweiterte Auflage
                233 Seiten. DM 18,80

Vaske,   Berechnung von Drehstromschaltungen
                2., überarbeitete Aufl. 180 Seiten. DM 15,80

Vaske,   Berechnung von Gleichstromschaltungen
                4., durchgesehene Aufl. 132 Seiten. DM 14,80

Vaske,   Berechnung von Wechselstromschaltungen
                3., durchgesehene Aufl. 224 Seiten. DM 17,80

Vaske,   Übertragungsverhalten elektrischer Netzwerke
                3., überarbeitete Aufl. 164 Seiten. DM 15,80

Weber,   Laplace-Transformation für Ingenieure
                der Elektrotechnik
                3., überarbeitete und erweiterte Auflage
                205 Seiten. DM 15,80

Westermann,   Laser
                190 Seiten. DM 16,80

Preisänderungen vorbehalten